户外运动服饰的
功能性研究与设计开发

梁立立　于洪涛　张忠岩／著

中国纺织出版社

内 容 提 要

本书从户外运动服饰的功能性研究和设计开发两个角度展开分析探讨。其中，理论部分涉及户外运动服饰的发展、分类、面料、功能、品牌等；设计开发部分包括户外运动服饰的设计基础、设计方法、市场开发等，重点引申出户外运动产品开发的指导思想、开发途径、开发趋向等。

本书适合服装从业人员阅读和参考。

图书在版编目(CIP)数据

户外运动服饰的功能性研究与设计开发/梁立立，于洪涛，张忠岩著. --北京：中国纺织出版社，2017.9（2024.8重印）
ISBN 978-7-5180-3986-9

Ⅰ.①户… Ⅱ.①梁… ②于… ③张… Ⅲ.①运动服—服装设计—研究 Ⅳ.①TS941.734

中国版本图书馆 CIP 数据核字(2017)第 215973 号

策划编辑：孔会云　　责任编辑：朱利锋　　责任校对：寇晨晨
责任设计：何　建　　责任印制：何　建

中国纺织出版社出版发行
地址：北京市朝阳区百子湾东里 A407 号楼　邮政编码：100124
销售电话：010—67004422　传真：010—87155801
http://www.c-textilep.com
中国纺织出版社天猫旗舰店
官方微博 http://weibo.com/2119887771
北京虎彩文化传播有限公司印刷　各地新华书店经销
2024年8月第5次印刷
开本：710×1000　1/16　印张：11.5
字数：187 千字　定价：68.00 元

前言

近年来户外运动发展迅速，已经成为人们工作之余放松归宁的重要方式之一，由此产生的户外运动服饰产业目前正处于蓬勃向上的发展阶段。但我国对户外运动服设计与应用的理论研究尚处于起步阶段，大多数企业只是照搬西方设计，品牌发展模式也较为保守。本书即是针对这一状况，对户外运动服饰的设计与应用做了全面的研究。随着生活方式的多元化发展，户外运动受到人们的喜爱，单纯的服饰设计理念已经满足不了人们对户外运动服饰日益增长的需求，新面料的开发增强了服饰的舒适性，同时也要求设计师对面料、款式、色彩等方面在功能性上进行深入研究。

本书分为五个部分，第一部分是对户外运动服饰的概述，简单介绍户外运动服饰的产生、定义、类别、发展及现状，使读者全面了解户外运动服饰；第二部分主要阐述户外运动服饰的功能性要求，从材料选择、防护要求、运动项目要求的角度入手，从流行性与时尚性层面分析对户外服饰的影响；第三部分从人体生理指标角度分析服装功效学原理，阐述服装工效学与服装材料学关系；第四部分从色彩、面料、结构、细节设计等方面分析户外运动服饰的设计开发，分析户外服饰设计方法、设计思路的特殊性；第五部分通过市场调研和科学分析的方法，对户外运动服饰的设计基础、设计方法、市场开发进行重点论述；在总结前文的基础上，概括户外运动服饰专题设计的特点和要求，并结合款式、色彩、局部功能等提出户外服饰创新设计的一些看法。

本文旨在通过对户外服饰市场、科技面料创新、款式等的深入研究，引申出产品开发的指导思想、开发途径和开发趋势等，得出当前户外运动服饰设计的现实依据，对目前我国尚待完善的户外运动服饰设计理论进行补充。

本书在撰写过程中参考了大量文献与相关学者的著作，在此一一表示感谢。撰写中由于时间仓促，加之精力有限，虽力求完美，但难免存在疏漏与不足之处，望专家、学者、同行与广大读者批评指正，以使本书更加完善。

编著者

2017 年 2 月

目 录

第一章　概论

第一节　户外运动服饰概述

一、户外运动的概念界定

(一)户外运动的起源

从我们对户外运动这一概念的了解上可以发现,到目前为止,关于户外运动的定义和界定,众说纷纭,在理论界并没有形成统一的认识。广义的户外运动是指所有在室外进行的运动,它几乎涵盖了所有运动,各种室外球类、骑马、射箭、游泳、水上运动等大类及各种小项。而狭义上一般认为,户外运动是指在野外或在自然环境中进行的、与自然界紧密结合的新兴体育运动。本书所研究的户外运动服装是指狭义上的户外运动所穿着的服装。户外运动是以自然环境为场地的带有探险性质或体验性质的体育运动项目群,这说明了户外运动的基本特点和基本属性。

追溯户外运动的历史渊源,它起源于欧洲18~19世纪的旅游和探险运动。现代户外运动兴起于20世纪下半叶,它的发展与环境、休闲娱乐以及大众体育的发展有着密切的联系,并在此基础上逐渐发展成为一项独立的体育运动形式,并受到人们的喜爱。

实际上,早在古希腊,它的自然环境和海洋性气候就使希腊人徜徉于户外运动。随着大工业生产造成人体的畸形发展和文明公害,以及都市化的生活方式与紧张节奏等因素的影响,迫使人们渴求新鲜的空气和健康的运动,因此,户外运动流传到各个国家,深受人们的喜爱。到"二战"时期,英国部队为提高野外作战能力和团队合作能力,利用自然障碍和绳网技术对其进行"越障训练",使得户外运动得到实质性的升华。发展至今,户外运动已变成激发和提升个人能力、团队精神的野外拓展。

(二)户外运动的特点

对于户外运动,我们首先必须清楚的是,这一定是在户外进行的,并且是在自然环境下进行的，有着回归自然、返朴归真的特征。户外运动具有挑战性和探险性，尤其是比赛的团队精神。户外运动是门综合性的学问，它对体能有严格的近于极限的特种要求。户外运动是体验教育的重要组成部分。

1. 运动本身的特点

从整体上来看，我们能够发现，户外运动有以下几个方面的特点。

(1)回归自然、返璞归真。这对生活在城市中的人具有独特的吸引力，符合中国“天地人合一”的人生哲理，有助于培养人与自然协调发展和保护生态环境的观念。

(2)具有挑战性和探险性。体验探险可以激发人们的上进心和求知欲，在兴奋和刺激中激发潜能，在磨炼中完善人格，提高自己应对挑战、克服困难的信心和能力。

(3)强调团队精神。户外运动要求一个团队能统一思想和步调，团结协作，互相帮助，甚至是同生共死才能取得成功。

在人们所参与的户外运动中，整个过程中所得到的真情实感和友爱是刻骨铭心、终生难忘的。它能强化人们的生存能力：户外运动要求参加者具有多方面的科学知识、专门技术、生活技能和应变能力；它能通过挑战极限来完善自我：户外运动有些项目少则一两天，多则一两周，常需夜以继日地拼搏奋斗。

2. 运动服装装上的特点

户外运动服装主要是侧重于运动，它主要以运动、活泼、宽松、休闲为主旋律。户外运动服装目前包括冲锋衣、抓绒衣、软壳、快干衣裤和功能T恤等。冲锋衣之所以能成为所有户外运动爱好者的首选外衣，是由其服装的“全天候”具有良好的防风、保暖、防水、防刺等特殊功能决定的。

普通运动服装主要专注于体育运动竞赛，产品的设计通常按照运动项目的不同而进行特定设计制作。而户外运动服饰装的机能不同于职业运动者的服装，人们一般穿着的户外运动服饰主要讲究防皱、防水和穿着轻巧舒服。

二、户外运动在国内外发展的现状

(一)国外现状

早期的户外运动其实是一种生存手段，采药、狩猎、战争等活动无一不是人类为了生存或发展而被迫进行的活动。“二战”期间，英国特种部队开始利用自然屏障和绳网进行障碍训练，其目的是为了提高野外作战能力和团队合作能力。“二战”后，随着战争的远离和经济的发展，户外运动开始走出军事和求生范畴，成为人类娱乐、休闲和提升生活质量的一种新的生活方式。

根据相关调查研究发现，新西兰是现代户外探险越野运动的起源地，300 万人口中，有200万人参加不同形式的户外运动。在美国，半数国民一生中至少参加一次户外探险活动。2001年在瑞士举办了首届越野挑战赛、世界锦标赛。各种大型越野挑战赛（或称探险越野赛）开始盛行。全球户外运动产业的年交易额达到1500多亿美元。以户外运动为主的休闲体育产业是美国体育长盛不衰的基础。据美国官方早些年的调查，美国国内户外运动爱好者达到了700万之巨。

（二）国内现状

在国内，20世纪80年代开放山区之后，引入户外运动，当时称为“山间旅游”。80年代后期国内逐渐有人参加，1989年首家民间社团正式注册成立，1989～2001年呈爆发性发展。据有关资料显示，我国以登山、攀岩、野营、远足等为主体的大众性户外运动俱乐部至2001年底已经发展到150多家，2002年已达到229家，分布在28个省、市、自治区，会员数万人，每年组织数万人次参加各种形式的户外运动。

尽管如此，国内的户外运动市场还存在着很多问题，具体表现在以下几个方面。

1. 市场总体规模过小

根据相关调查研究可以发现，我国户外产业的发展规模，与我国总体经济的规模相比较来说相对还是偏小，市场潜力还远远没有被开发出来。

2. 产品品种少，质量不高

户外体育产业产品呈现趋同化，品种少、质量差问题普遍存在，缺乏创新和对产品的深度开发。

3. 缺乏专业技术人才

户外运动俱乐部缺乏专业技术人才及训练有素的社会体育指导员。在北京一项调查中显示，在13家俱乐部中，专职教练来源于体育院校的仅仅两家，这不仅会带来服务质量的下降，同时对消费者需求的满足也会受到影响。

4. 俱乐部管理不规范

通过相关调查还可以发现，有近一半的户外运动俱乐部是采取服务活动和租售器材连带经营，俱乐部往往会更多地关注后者，而忽略最重要的服务活动。

三、户外运动服饰的基本情况

（一）户外运动服饰的概念

“户外运动”的英文为outdoor sports，它包括的内容广泛，从一般的郊游或徒步旅行到登山、攀岩、山地自行车以及漂流、滑翔等。户外运动业是我国的朝阳产业，有很大的发展潜力。由于其较快的发展速度，已成为中国现阶段新兴的一种休闲方式，随着这一健康时尚生活方式而来的，便是时尚的装备——户外运动服装。作为服装领域中的新兴行业，户外运动服装目前在中国占据了巨大的市场空间，但是国内对户外运动服装的研究尚处于初级阶段。

户外运动爱好者希望穿着具有特殊功能性、时尚性、高科技、高品质和设计独特的服装，体现出着装者对户外运动的激情。目前，国内生产的户外运动服饰装款式过时、色彩单调，多是国际名牌的仿制品，服装的科技含量低，与国外的户外运动服饰装相比，功能性、舒适性都相差甚多。国外生产的户外运动服装虽然性能好，但是价格高，且由于人体体型的差别，国外产品并不一定适合中国人穿着。面对国内庞大的市场需求，国内的生产企业应从功能性面料的开发、款式结构的功能性设计、色彩的合理搭配与运用、先进的制作工艺、设备更新等方面着手，不断地进行产品开发，使户外运动服装的生产制作达到甚至超过国外水平。

户外环境复杂多变，为抵御恶劣环境对人体的伤害，保护身体热量不被散失，以及快速排出运动时所产生的汗水，在登山、打高尔夫、骑行及其他户外运动时，应该做到分层着装。所谓的分层着装，是指在户外运动中穿着不同材质的衣服，以适应野外各种天气变化对人体所带来的影响，如冲锋衣裤、抓绒衣裤、保暖衣裤、防晒衣裤、速干衣裤等。

户外内衣的主要用途是保持人体皮肤的干爽。如果人体排出汗水造成表面蒸发，就会带走身体的巨大热量，从而使人感到寒冷。所以，内衣应为合成纤维材质，避免穿着纯棉、纯毛的内衣。

保暖衣的作用是在衣服内形成空气层。空气是良好的隔热媒介，在保暖衣内形成空气层之后，外界的冷空气与身体被隔开，达到保持体温的目的。

户外运动的外衣一般是指冲锋衣、冲锋裤、风雨衣之类的服饰，其主要的功能是防水、防风、防撕。随着科技的发展，冲锋衣裤已开发出 GORE - TEX、FIRST - TEX 等防水透气的面料。其原理是在薄膜状态下，表面的小孔直径正好处于水分子与蒸汽分子之间，蒸汽分子可以通过，而水分子则被阻拦，从而达到防水透气的效果。

（二）户外运动服饰的特性

1. 户外运动服饰的保暖性

虽然保暖性是与织物厚度密切相关的，但是户外运动不允许服饰过于厚重，因此既要保暖又要轻便才符合户外运动服饰的特殊要求。最常见的方法是在涤纶等合成纤维纺丝液中加入含氧化铬、氧化镁、氧化锆等的特殊陶瓷粉末，特别是纳米级的微细陶瓷粉末，它能够吸收太阳光等可见光并将其转化为热能，还可反射人体自身发射出的远红外线，因此具有优异的保温、蓄热性能。

当然也可以把远红外陶瓷粉、黏合剂和交联剂配制成整理剂，对织成的织物进行涂层处理，再经干燥和焙烘处理，使纳米陶瓷粉附着于织物表面和纱线之间。这种整理剂发射出的波长为 8～14μm 的远红外线，还具有抑菌、防臭、促进血液循环等保健功能。

此外，根据仿生学原理，参考北极熊毛的结构，把涤纶内部做成多孔空心状，使纤维内包含大量不流通空气，外部做成螺旋卷曲状以保持蓬松性，都能在保证质地轻盈的前提下起到良好的保温作用。当然，把衣服甚至织物都做成双层乃至三层，使不流通空气层增多，也是最传统的保暖措施之一。

2. *户外运动服饰的透湿性*

透湿性测试适用于评价织物在一定条件下水蒸气的透过能力。把盛有吸湿剂或水并封以织物试样的透湿杯放置于规定温湿度的密封环境中，根据一定时间内透湿杯（包括试样和吸湿剂或水）的质量变化计算试样透湿率、透湿度。透湿率表示在试样两面保持规定的温湿度条件下，规定时间内垂直通过单位面积试样的水蒸气质量，以克每平方米小时[$g/(m^2 \cdot h)$]或克每平方米 24 小时[$g/(m^2 \cdot 24h)$]为单位；透湿度表示试样两面保持规定的温湿度条件下，单位水蒸气压差下，规定时间内垂直通过单位面积试样的水蒸气质量，以克每平方米帕斯卡小时[$g/(m^2 \cdot Pa \cdot h)$]为单位。

两种指标的数值越大表示织物的透湿能力越好。在以上提到的测试方法中，密封环境的温湿度条件有多种选择，因此对同一块试样用相同的测试方法，如果选用不同的温湿度条件，得到的结果也会有差异。

运动会散发大量的汗液，而户外又难免遭遇风雨，这本身就是一对矛盾：既要能防雨雪浸湿，又要能及时把身体散发出的汗液排放出去。而人体散发出的是单分子状态的水蒸气，而雨雪则是聚集状态的液态水滴，它们的体积大小相差甚远。

此外，液体的水有一种被称为表面张力的特性，也就是聚拢自身体积的特性，人们在荷叶上看到的水是呈颗粒状的水珠而不是平铺开的水渍，这是因为荷叶表面有一层附有蜡质的绒毛组织，水滴由于表面张力的作用无法在这层蜡质绒毛上扩散和渗透。如果把一滴洗涤剂或洗衣粉溶入水珠，由于洗涤剂能够大大降低液体的表面张力，水珠就会立即解体散开平铺在荷叶上。

防水透湿服饰就是利用了水的表面张力特性，在织物上涂布一层聚四氟乙烯（PTFE）（与“耐腐蚀纤维之王”的 PTFE 的化学成分相同而物理结构不同）的增强织物表面张力的化学涂层，使水珠尽量收紧而不能散开并浸润织物表面，从而无法透过织物组织上的孔隙。同时，这种涂层又是多孔性的，单分子状态的水蒸气可以顺利透过纤维间的毛细管孔道散发到织物表面。

在进行较大的运动量之后，如果在野外停下来休息，就有可能因为外界气温低，汗水无法及时逸散而在衣服内层形成水滴，使人有一种很不舒服的感觉，这就是所谓的“结露”现象。有一种称为“低结露”的特殊透湿性整理工艺,它采用聚氨基甲酸酯(PU)与亲水性的纳米陶瓷粉末对织物进行涂层整理,在身体大量蒸发汗液时可以吸收过多的汗水蒸气,从而避免了衣服内部水蒸气超过饱和蒸汽压而转化为水滴的现象。

除了从纤维和涂层上想办法之外,在织物结构上也可以尽量做到吸湿排汗。比如,采用双层组织结构,贴身的内层用疏水性纤维,而外层用亲水性纤维,这样汗液就能依靠毛细管作用,从皮肤上转移到内层纤维上,再由于外层亲水性纤维与水分子的结合力强于内层疏水性纤维,水分子又再次从织物的内层转移到外层,最后散发到大气中去。

3. *户外运动服饰的防水性*

户外运动服饰提供的首要功能就是防水,大多数传统织物的防水整理是涂层或薄膜,后来出现了用含氟化合物或有机硅做整理剂的防水处理。防水的效果可以用抗渗水性和表面抗湿性来表示。

以织物承受的静水压来表示水透过织物所遇到的阻力,即在标准大气条件下,试样的一面承受一个持续上升的水压,直到有三处渗水为止,记录此时的压力,以kPa或毫米水柱来表示,数值越大防水性能越好。

水压的上升速度和实验用水的温度是影响结果的两项参数。温度高会使得到的数据变小;水压的上升速度过大,得到的数据偏大,水压的上升速度小,所得的结果在量程之外。FZ/T 01004—2008《涂层织物抗渗水性的测定》规定了在固定的时间周期内对涂层织物施加静水压时,测定涂层织物抗渗水性的方法。测试仪器要求在试样上方装一个可防止试样变形、爆裂的金属网。测试方法是,在规定条件下,待测涂层织物试样的一面受到持续上升的水压作用,可在到达规定的水压时,在规定的时间内观察是否有渗透发生,或持续加压直到渗透发生为止。

把试样安装在卡环上,并与水平成45°放置,试样中心位于喷嘴下面规定的距离。用规定体积的蒸馏水或去离子水喷淋试样。通过试样外观与评定标准及图片的比较,来确定其沾水等级。沾水等级分为1~5级,1级表示受淋表面全部润湿,5级表示受淋表面没有润湿,在表面也未沾有小水珠。

4. *户外运动服饰的透气性*

一件好的户外服饰,不仅要防雨还要能透气。其透气性能由薄膜的微孔结构决定,允许气态水分子逸出,阻止液态水分子进入。透气性是空气透过织物的能力。以规定的试验面积、压降和时间条件下,气流垂直通过试样的速率表示。单位为

mm/s 或 m/s。值越大表示其透气性能越好。推荐的试验面积为 $20cm^2$,也可选用 $5cm^2$、$50cm^2$ 或 $100cm^2$;服用织物压降 100Pa,产业用织物 200Pa,如上述压降达不到或不适用,经有关各方面协商后可选用 50Pa 或 200Pa。

5. 户外运动服饰的速干性

吸湿速干性是把身体产生的汗水迅速吸收,尽量排向外层并尽快挥发,使身体尽量保持干爽的性能。以织物对水的吸水率、滴水扩散时间和芯吸高度表征织物对液态汗的吸附能力;以织物在规定空气状态下的水分蒸发速率和透湿量表征织物在液态汗状态下的速干性。GB/T 21655. 2—2009《纺织品吸湿速干性的评定 第2部分:动态水分传递法》对明示为吸湿速干类的针织、机织产品做出了具体的技术要求,规定的测试方法为:织物试样水平放置,液态水与其浸水面接触后,会发生液态水沿织物的浸水面扩散,并从织物的浸水面向渗透面传递,同时在织物的渗透面扩散,含水量的变化过程是时间的函数。当试样浸水面滴入测试液后,利用与试样紧密接触的传感器,测定液态水动态传递状况,计算得出一系列性能指标,以此评估纺织品的吸湿速干、排汗等性能。

6. 户外运动服饰的抗静电性

户外运动服饰基本都是化学纤维织物制成,当户外环境比较干燥的时候,就会产生静电问题,表现为衣服易起毛起球、容易沾染灰尘污垢、贴近皮肤产生静电吸附。如果携带有如电子罗盘、海拔表、GPS 导航仪等精密电子仪器,还有可能被服饰的静电所干扰而产生错误,造成严重后果。

抗静电织物分为非耐久型和耐久型两种,国内常用的测试方法有静电压半衰期法、电荷面密度法、电荷量法等。具体可参考 GB/T 12703《纺织品静电性能的评定》。静电压半衰期法的测试原理是使试样在高压静电场中带电至稳定后,断开高压电源,使其电压通过接地金属台自然衰减,测定其电压衰减为初始值一半所需的时间,单位秒,值越小表示其抗静电性能越好。标准中规定 a 级≤2. 0s,b 级≤5. 0s,c 级≤15. 0s。对于非耐久型抗静电纺织品,洗前应达到此要求;对于耐久型抗静电纺织品,洗前、洗后均应达到此要求。静电荷面密度法的测试原理是将经过摩擦装置摩擦后的样品投入法拉第筒,以测量样品的电荷面密度。该法的起电方式较好地反映了织物实际穿着时的摩擦起电情况,剥离过程与脱衣过程类似,能反映织物起电时的电晕放电能力,适用于加入导电丝的防静电织物的测试,但测试结果会受人为因素及被测织物在静电电位序列中位置的影响。电荷面密度越小,抗静电性能越好。测试原理是用摩擦装置模拟试样摩擦带电的情况,将试样投入法拉第筒,测量其带点电荷量。电荷量越小,抗静电性能越好。

比较现有国家标准和行业标准来看，各方法的评价指标不一样，使用不同测试方法得到的结果也不具有可比性。电荷面密度法能较好地模拟户外运动服饰在实际穿着时的起电过程，是测试户外运动服饰抗静电性能比较适宜的方法。

7. *户外运动服饰的防紫外线性*

纺织品防紫外线辐射的评定参数采用的是紫外线防护系数UPF值，它表示皮肤无防护时计算出的紫外线辐射平均效应与皮肤有织物防护时计算出的紫外线辐射平均效应的比值。GB/T 18830—2008《纺织品防紫外线性能的评定》规定了纺织品的防日光紫外线性能的测试方法、防护水平的表示、评定和标识，其测试原理是用单色或多色的UV射线辐射试样，收集总的光谱透射射线，测定出总的光谱透射比$t(\lambda)$，并计算试样的紫外线防护系数UPF值。可采用平行光束照射试样，用一个积分球收集所有透射光线；也可采用光线半球照射试样，收集平行的透射光线。在实际的操作中，检测仪器可以自动计算出样品的UPF值和$t(\lambda)$。当样品的UPF值大于50时，表示为“UPF > 50”。按该标准规定，当样品的UPF > 40，且$t(UVA)_{AV}$ < 5%时，可称为“防紫外线产品”。

第二节 户外运动服饰的分类

通过相关调查研究可知，欧洲的户外服装品牌市场是通过不同的功能性来区分的。例如，有专门针对登山运动的服装品牌，有专门针对户外旅游、野营的服装品牌，这些品牌虽然同属于户外运动服饰，但是因运动项目的不同，服装的功能性也不一样，针对的客户和消费群体也不同。

一、户外运动服饰的分类

户外运动服饰根据不同的分类方法可分为不同的种类。

1. *按运动量划分*

按运动量分可以分为轻运动量的户外运动服饰（郊游、慢跑等）、一般运动量的户外运动服饰（徒步旅行、登山等）和强度大的运动量的户外运动服饰（攀岩、滑雪、滑翔等）。

2. *按运动环境划分*

按运动环境分可以分为陆地环境（旅行、攀岩、登山等）、水中环境（漂流、冲浪等）和空中环境（滑翔等）三种。

3. 按款式划分

按款式分为连体式和分体式。

4. 按运动类别划分

按运动类别分为极限运动服装装、亚极限运动服装装、休闲运动服装装。

5. 按三层着装原则划分

根据三层着装原则,可分为基本层、中间层和最外层。

(1)基本层需要通风性良好,可以根据使用者的需求进行不同领口的设计,目前设计有拉链式、V领、圆领三种。

(2)中间层应能形成聚集在衣服内的空气层,以达到隔绝外界冷空气与保持体温的效果,一般采用羽绒或拉绒。

(3)最外层服饰最重要的是防水、防风、保暖与透气的功能,除了能够将外界恶劣天候对身体的影响降到最低之外,还要能够将身体产生的水气排出体外,避免让水蒸气凝聚于中间层,使得隔热效果降低而无法抵抗外在环境的低温或冷风。

二、几种常见的户外运动服饰

户外运动服饰的种类和款式有很多,如登山有专门的登山防风衣和背带裤,滑雪也有专门的连体滑雪衫等,下面对几种常见的户外运动服饰作具体介绍。

1. 钓鱼服

钓鱼运动不仅要求运动者的技艺精湛、装备精良,对钓鱼服装也有很专业的要求,钓鱼服装要求具备抗撕裂强度高、耐磨性能好、防水透气、抗紫外线、防蚊等功能,海钓服装还要求具备优越的抗风化和海水侵蚀的功能。图1-2-1是一款海钓服装款式图,在材料的选择、服装的结构设计以及制作工艺上都要满足钓鱼服装的功能性设计要求。在钓鱼时,人体腰部以下部位浸入海水,所以海钓服装的保暖性和防水性很重要。钓鱼服装的材料选用两层高弹性针织面料中间贴合3.5mm的顺丁胶CR(Neoprene)复合材料,膝盖部位采用超厚的6.5mm的CR复合材料,可抵抗水流的冲击;钓鱼者的腰部在钓鱼时运动频繁,为了便于运动,在后腰部采用粗压纹、高弹性的复合材料,能达到使腰部运动舒适和防滑的效果;钓鱼鞋选用5mm的丁苯胶(SBR)复合硫化材料,防水、保暖、防风。为了提高服装的舒适性,使之更符合人体工学的要求,整个服装采用立体裁剪。制作工艺也相当严格,服装接缝处先进行黏合,再进行缝制。对裁片裁剪质量的要求也很高,裁片边缘必须裁剪整齐,不能有毛边。缝纫时采用盲缝线迹,针不穿透裁片，在服装的反面看不到缝纫线，还要在服装反面的接缝处粘上防水胶条，以达到良好的防水与保暖效果。

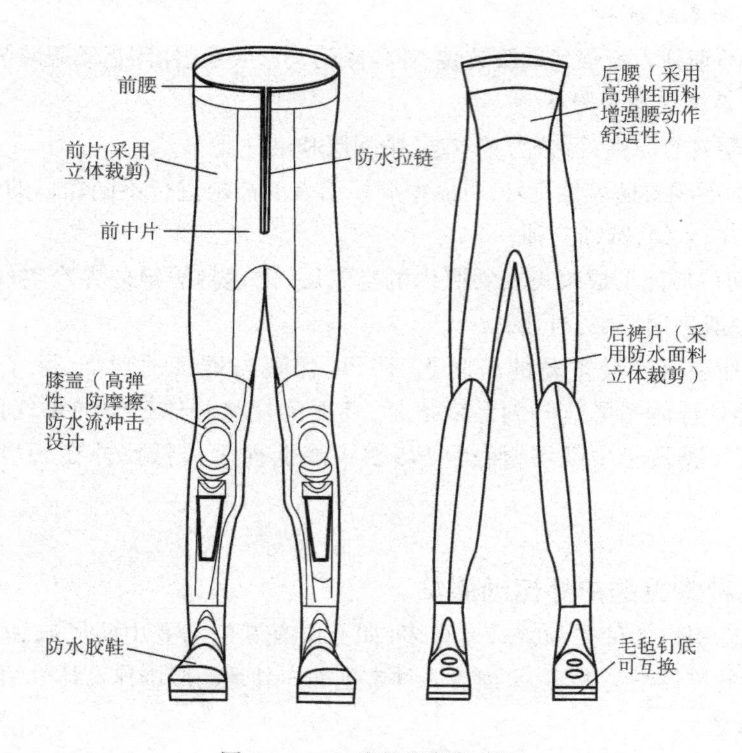

图1－2－1　海钓服装款式图

2. **高尔夫服**

高尔夫服对于舒适度的要求很严格，面料的选择主要是棉和涤纶以及功能性面料；一般上衣为小翻领衫，衣领的设计一般为三个扣子，给人感觉庄重严谨，在击球过程中能保持较好的体型。袖子的设计要松紧得当，袖子长度比普通短袖衣服略长，稍微高于手关节，不能过短，是为了避免击球时产生不雅场面。下摆处通常会有一个三角形的“缺口”，也是为了便于运动员转身击球。下装可依据季节换休闲短裤或长裤，质地一定要柔软。还要准备一双球鞋、一顶球帽和两双专门的高尔夫球袜。高尔夫服装的色彩搭配可体现个人的性格与追求，色彩亮丽、图案新颖的上衣和一色或条格长裤配起来既协调明快，又能与球场的环境相映衬，体现一种品味与心情。图1－2－2所示为一些人们在日常生活中常见的高尔夫服款式。

图1-2-2　高尔夫服

3. 骑马服

骑马服又叫骑马装、马术服饰。骑马装不仅仅是为了好看，它还有很重要的一个作用，就是为骑士提供防护。马术服饰作为功能服装的第一要素，是耐磨。为马术特制的马靴、马裤、恰卜斯、马术手套，凡所有与马匹或马具接触的部位，都作特别处理，以避免摩擦可能带来的伤害。如果进行长时间的骑乘，耐磨防磨性能尤其显得重要。马术服饰作为功能服装的另一要素是不妨碍运动。因此上衣的肘部应活动自如，袖口紧口设计，而马裤的胯部要求有弹性或宽松。此外要合乎健康原则，夏季服装面料要利于吸汗、排汗，冬季则要保暖、防风、防水。骑马服如图1-2-3所示。

图1-2-3　骑马服

4. 登山服

登山，顾名思义，是一种攀爬山体的运动项目。为了配合高山缺氧和天气多变的情况，登山运动对设备和人体素质的要求都比较高。随着登山运动的发展和科学技术水平的不断进步，登山运动装备的质量和性能在不断改善，这对提高登山运动的水平是非常必要的。例如，法国相关人员第一次登山时所用的一根主绳的重量可达20公斤,其他登山设备也都很笨重,那时人们的登山高度仅能达到4000米左右。现在一根主绳的重量仅有1.5公斤,其他装备的重量也大大减轻,而且更加耐用,登山服保暖、防电性能也大大增加,因而可以保证登山运动员攀登各种高度和难度的山峰。近年来各国登山界还在不断研究和改进各种装备,例如,许多国家在为提高氧气瓶的容量和装备的使用效率而进行研究,日本采用了所谓"回路式氧气面罩"代替原来的呼吸器,使原来供一分钟使用的氧气增加到两分钟或更长时间。人们还为攀登海拔8000米以上岩石峭壁的双人用氧和攀岩操作用氧等特殊装备进行了改装。此外,登山运动员的被服装备和宿营装备也都在不断地改进,近年来已出现了更轻便保暖的充气帐篷等宿营装备。由于高山气候寒冷多变,登山服装要注意保暖防风。袖口和腰束紧,衣内多衬有羽绒、泡沫塑料片或丝绵等既轻又保暖的材料。要求穿脱容易,使肩膀、手臂、膝盖不受任何压力;口袋要多而大,并需有袋盖、纽扣、拉链,使口袋内的东西不致掉落;并且选用表面光洁滑爽、可防风沙的面料。如图1-2-4所示。

图1-2-4 登山服

5. 自行车骑行服

高档骑行服要求对身体具有良好的保护性,对不同外部环境的适应性以及骑行者穿着时较好的舒适性。骑行服的功能性结构设计及细节设计如图1-2-5和图1-2-6所示。由于骑行时人体的上半身向前倾斜,与地面基本保持平行,所以前衣片较后衣片要短,否则骑行时会造成前片有过多的面料叠加,影响骑行动作;上衣下摆、袖口和裤口须装有防滑带,防止上衣、袖子及裤子向上滑移;前门襟应有拉链,可以方便穿脱;短袖(插肩袖)的设计应完全配合协调人体骑行时的姿势;后背有贴袋,骑行时可以装小的物件;腋下和后袖头处采用网眼面料(保证人体出汗时的吸湿透气),前后片及袖子都有符合人体结构的分割线;领子的设计一定要做到贴合人体颈部的效果,否则,骑行时易受风阻的影响,导致骑行者的成绩降低,如在太阳照射强烈时比赛,可选用立领,防止紫外线的照射对人体产生伤害。

图 1－2－5 自行车骑行服效果图

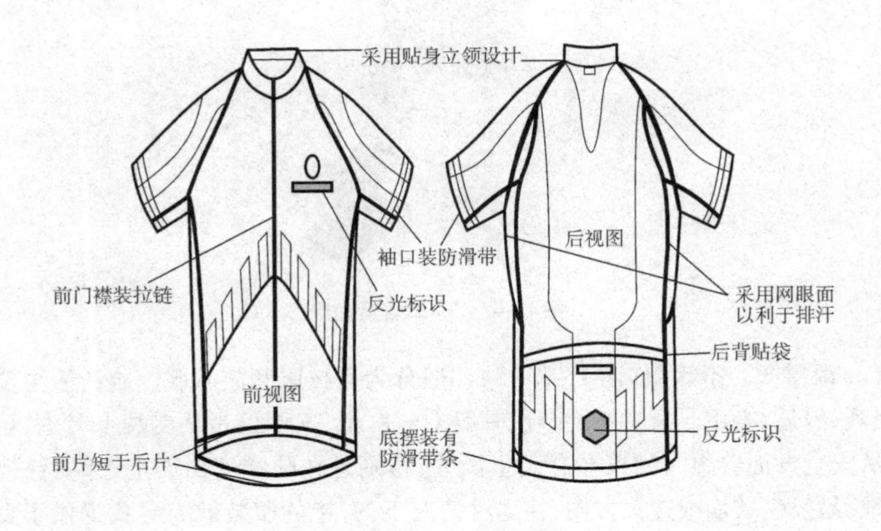

图 1－2－6 自行车骑行服细节设计

6. 其他户外运动服饰

(1)攀岩运动服装(图 1－2－7)。起初攀岩仅仅是人类利用原始的攀爬本能及后天的技术训练,借以各种装备作安全保护,攀登一些岩石所构成的峭壁、裂缝、岩角、斜面、仰角、大圆石以及人工制作的岩壁。慢慢地,攀岩已经是当今世界上与蹦极、跳伞、滑翔等齐名的冒险运动，但攀岩运动因其有十分完善的安全保护措施，使该运动成为名副其实的有惊无险的极限运动。攀岩运动也属于登山运动，但和登山运动有很大不同。攀岩时要系上安全带，在攀登时不用工具，仅靠手脚和身体的平衡向上运动，身体的这些部位势必要和粗糙的岩面发生很多摩擦。在选择服装时要求服装在满足登山需要的同时，还必须保证服装的耐磨性能和关节部位的弹性较好。

图1－2－7　攀岩运动服

（2）滑雪服。滑雪服（图1－2－8）一般分为竞技服和旅游服。旅游服主要是保暖、美观、舒适、实用。滑雪服的颜色一般十分鲜艳，这不仅是从美观上考虑，更主要的是从安全方面着想。如果在高山上滑雪，特别是在陡峭的山坡上，远离修建的滑雪场地，易发生雪崩或迷失方向，在这种情况下，鲜艳的服装就为寻找提供了良好的视觉。由于滑雪活动是一项在寒冷环境中进行的体育运动，因此在选择贴身内衣时，最好不用棉制品，而用专门的丝普纶材料制成的贴身、透气并能让汗水分子透出的内衣。它的内层有一层单向芯吸效应的化纤材料，本身不吸水，外层是棉制品，可将汗液吸收在棉制品上，效果非常好。

图1-2-8 滑雪服

第三节 户外运动服饰的发展历程与现状分析

一、户外运动服饰装的发展过程

（一）先驱者的时代

在登山运动初期的阿尔卑斯时代，登山者的服装没有较大的变化，通常是呢绒和毛皮制品的服装，系带的爱尔特长大衣、天鹅绒领长大衣、毛皮大衣、咔叽布外套、羊毛料外套、诺福克马裤、法兰绒衬衫、斜纹布衬衫、咔叽帽、毡帽、绑腿等构成那个时期登山服装的主要特点。1924年，远征珠峰的乔治马洛里和安德鲁欧文携带的服装是：镶嵌有毛皮的帽子、厚实的皮毛大衣、粗壮厚底的靴子。这套行头比起一个世纪前阿尔卑斯山脉的攀登者的马裤和绑腿来说，已经先进多了。

（二）科技成就梦想时代

“二战”后迎来了登山运动的快速发展时代，以尼龙为代表的多种合成纤维和新材料的应用，使得登山服装又前进了一大截。1950年5月，法国登山队攀登安娜普尔纳峰时装备了由他们首创的双层羽绒服，面料采用了聚酯纤维，它能抵抗零下30℃左右的严寒。进入20世纪70年代后，科技发展迅速，特别是特殊材料的运用促成了登山运动的技术革命。登山用品厂家在生产服装时不断尝试新的材料和技艺，现在户外运动服装中流行的着装分层（Layering）概念就是无数登山运动员在高山攀登中摸索出的经验。因此,到20世纪70年代逐步形成了基本排汗层(BaseLayer)、绝缘保温层(InsulationLager)和外部保护层(outerLayer)构成的三层着装概念。但随着科技的发展,目前大多数登山服装都采用先进的人造材料,只有像羽绒这样极少数的有着无可替代的优越性能的自然材料被保存了下来。登山运动服装装对材料的苛刻要求,使得只有极少数的高科技先进材料被用于现代登山运动服装装。由于当时很多科技成果最先为军事领域应用,早在20世纪80年代初期,美军就已经将Gore－Tex制品列为山地步兵、极地特种部队单兵作战与后勤必须装备。

(三)普及的时代

20世纪的最后20年是户外运动服饰备发展速度最快的年代。专利技术更加成熟、面料辅料日益完美,相应装备的标准出台等一系列明利条件促进户外运动服装进入大发展阶段。以Gore－Tex面料为例,从第一代Gore－Tex,发展到今天的Gore－Tex PacLite和Gore－Tex XCR,其技术相当成熟,全球有100个以上的服装品牌使用Gore－Tex面料。截至2000年,全球已有超过1500项与户外运动服装相关的专利,新型纤维、混纺纤维、涂层和胶合层压等功能性织物层出不穷,科技进步使得21世纪的户外运动服饰装提前进入功能时代。有资料显示,功能性服装代表了国际纺织和服装产业最强的分类之一。在欧盟,包括服装和器械装备在内的运动市场的价值总额超过370亿欧元,在美国有大约460亿美元。有资料显示,过去的20年中,高科技面料由推出到进入大众化市场,平均需要8～12年时间。Gore－Tex面料从问世到商业化用了约27年时间,现在所需的时间已大大缩短,新产品的普及速度大大提高。10年前尚属高科技的面料,如防水透气的面料和保暖的人造纤维等,现已成为市场主流。消费者的要求正在不断提高,除了希望服装能在恶劣天气下提供更佳的保护功能外,也要求服装更加轻盈。香港特区生产力促进局的一份资料显示,除了潮流、颜色、款式外,户外运动服装还要注重保温、防风、防水及排汗等功能,并讲究服装的舒适性及价格,而现代科技正逐渐满足人们的这些要求。

(四)智能人性化的时代

与这种对服装功能性需求的增长相对应,功能性纤维的生产商把他们的注意力从批量市场的追求数量向高附加值产品方向转变,例如,能根据穿着者需求相应改变其特性的“智能”型纺织品。预计在下一个20年里,大量的数字化服装将会进入户外运动服装市场。专门从事户外运动服装生产的美国The North Face公司已推出一种名为METS的高科技外套。这种外套特殊的材料和纺织方法,使其具备良好的保暖效果。另外,该外套还附有加热装置,以充电式小型锂电池为能源,衣服的温度可用调节器进行调节。对纺织业和服饰业而言,“智能衣料”将为市场带来新的商机。

二、国内外户外运动服饰装现状

(一)国内户外运动服装现状

与其他很多新兴产业一样,目前中国的户外运动用品市场由国外品牌占据江山,中国本身的户外运动服装还需要努力发展。自 1998 年以来,户外运动在中国的北京、广州、上海等地悄然兴起,目前在中国已迅速成为一种社会时尚,户外运动人口不断增长,致使户外运动服饰备市场迅速扩张。但是国内“户外”存在的问题比较多,其中比较突出的问题集中表现在三个方面,其具体内容如下。

1. 定义狭窄

“户外”定义狭窄,国内认为户外运动就是“挑战生命,挑战自然,探索险境”,这个观点是错误的。实际上“户外”更应该解释为。与我们城市相对立的一种生活形态,而不仅仅是一个探险和挑战。进行户外运动的目的是放松、归宁、驱散疲劳、释放生活和工作压力。

2. 思想狭窄

这里所说的思想狭窄实际上主要表现在商家的经营思想狭窄上,高端商品定位不准。户外商品店则以卖水货、次货、假货、库存货来谋暴利,买卖过程中往往具有欺骗性。如此经营思想,结果只能是使户外运动爱好者在痛苦中抽身离去。

3. 意识薄弱

商家竞争意识薄弱,服装的专业性和舒适性功能差,自身管理混乱。有的商家在商场制造混乱,高额贿赂赶走其他品牌。恶性竞争导致整个户外运动服装市场丧失诚信。

4. 品牌同质化严重

国内的户外运动服装品牌,同质化现象很严重。都将使用Gore – Tex材料的服装张扬出来充当羊头;鞋品,清一色的防水材料加 Gore – Tex 里料;背包,基本上也都采用 CORDURA 面料和 YKK 扣件的商品悬挂;就连店名也都是或“鸟”或“兽”;店内陈列、售卖方式也没有区别,这些没有深度、没有质变的产品难以吸引户外运动服装消费者。

被“户外”业界誉为全球户外生活理念倡导者的美国戈尔公司,其纺织品部亚太区董事总经理高力信先生在接受记者采访时表示:“中国户外运动市场实在是太大了,它还有难以预计的潜力等待发挥。”支撑高力信如此乐观的是以下一组数据:据估计,目前中国已有 200 多家国内户外用品生产商,七八十家全球著名的户外产品制造商以及俱乐部,户外运动用品以及装备的年销售额已达8亿元。而2002年这个数字还不到3亿,2000年这个数字只有6千万元,市场潜力非常可观。

2004年冬季,国内参与户外运动的人次已超越1亿人次。而在著名户外运动品牌奥索卡市场部负责人看来,"就目前为止,户外行业的市场份额仍很保守。相信在各品牌的共同努力之下,也随着消费者经济能力的提高,消费态度的转变,户外运动服饰装的总体市场份额将大幅增加。"

(二)国外户外运动服装现状

在对国外的户外运动服装进行分析之前,有必要对目前国外比较知名的户外运动品牌进行初步了解,具体内容如下。

1. 美国 The North Face

其简称为TNF,是深受中国户外运动爱好者欢迎的品牌。该公司的产品定位已从高档探险器材转移至大众户外用品上。TNF的户外服装做工精细,许多细节的设计也可谓体贴入微而且结实耐用,但可能正是由于它在中国的知名度较高,所以一段时间内假货泛滥,让购买者真假难辨,有时就连扫马路的清洁工也身着TNF。

2. 德国 Salewa

世界知名的户外运动品牌,它历史悠久,早期以生产冬季户外运动用品而著称。1978年Salewa全面扩大了户外功能性服装的生产,包括与戈尔公司合作,设计Gore-Tex功能服装,并且是首家进入中国市场的户外运动服装厂商。

3. 法国的 Algle

此品牌于1992年进入亚洲市场,1997年进入中国市场,这一国际品牌的形象是实用而高贵、自然而新潮。

4. 美国 Patagonia

该公司以生产户外运动服装为主,因此它的服装裁剪更好一些,而且是少数几家供应特殊尺码服装的公司。比如说户外运动部分人群身高较高,而Patagonia就会提供大号的裤子和上衣。它于2007年7月登陆中国,属于比较顶级的户外运动服饰装品牌。

5. 英国的 Where

为英国顶级户外运动服装品牌,其专业的设计师致力于新材料的使用(如钛、毛羊等)和新技术的开发,一些产品的重量减轻了50%之多,同时反而增强了他们的强度和耐久性,该品牌服装的设计细致入微,符合户外运动人性化需求。

6. 美国的 Foursquare

该品牌户外运动服装的质量在用户中口碑很好,它是美国最大的户外运动服装品牌之一。它的细节设计更为合理,在产品创新方面领先于其他品牌,不少用户认为该品牌的产品质量普遍要比 TNH 好。

7. 瑞士的 Ozark

该品牌进入中国市场以来,在设计上充分考虑到中国消费者的特点,在本土化方面有很多出色的产品。

(三)国内外户外运动服装对比分析

通过上文中对国内外运动服装现状的分析之后可以发现,在户外运动服装这个领域,中国的体育用品商也正在积极开拓,但仍处于起步阶段,并没有形成一定的气候与实力。其弱势之一,便是没有更多地从生活方式的角度来进行推广。其实,户外运动不仅仅是一项体育运动,更是一种健康的生活方式。十几年前戈尔公司刚到中国时,中国户外运动市场还处于空白状态,从那时起戈尔公司就意识到,要从改变人们的生活方式和文化意识开始。为此,他们举办各种讲座和消费者活动,把户外运动的各种概念引入中国。而 The North Face、Ozark 等国外户外运动服装品牌也把“销售一种生活方式、推广一种户外文化”作为自己的使命。例如,2002 年 The North Face 赞助了以登山为题材的电视剧《生死极限》,而 Ozark 作为唯一户外装备赞助商,赞助了中国第 21 次南极内陆冰盖科学考察工作。上述国外品牌一系列的品牌推广工作,也使中国公众更好地认识和了解了户外运动,从而拓展了自己的市场份额,而这正是中国品牌所欠缺的。

第四节 未来的户外运动服饰

随着科学技术的发展和人们生活水平的提高,科技运动服装饰将会取得飞速的发展。在不久的将来,各种高科技的特异功能服饰都会进入人们的生活。

一、调温运动服装

调温运动服装是一种温度自动调节的自适应服装。如今正在研制一种新型面料,这种面料能产生一种气候,在身体周围产生一个隔热层,防止过热,保持一种舒适的温度。陶瓷微粒也被用来调节温度,透气性能和防水性能也一直在不断提高。人们已经知道,“湿度处理技术”能把汗水从皮肤上吸走,并尽可能迅速地使之散发。穿上这种调温服装,穿着者即使从冰天雪地的北极来到烈日炎炎的赤道,也无须换去身上的衣服,唯一的变化也许是穿着的衣服颜色已从火红色变成淡蓝色,衣服纤维的细孔也从闭合状态变成开放状态。

二、保健运动服装

如今不仅有防紫外线的面料,还有一种含有从海藻里精心提炼的有益于健康的维生素C的面料,它能被皮肤吸收。新的保健服饰内,将安装一种数字式电子感应器,具有微型健康监测功能,可以检验穿着者的身体状况,探测穿着者的情绪。一旦发现穿着者情绪不佳时,会自动开启服装内的音响系统,播放有助于改善情绪的音乐,并自动散发出有助于改善情绪的芳香气味。

三、环保运动服饰

目前,科学家正在研制一种具有防臭、抗菌功能的环保服饰。这种环保服饰中含有大量的与服装纤维结合在一起的微型球体胶囊。微型球体胶囊内壁涂有一种化学物质,当达到一定温度时,这种化学物质就会释放出来,消除环境中或人体散发的臭味。科学家还正在研制另一种具有抑制和杀灭多种病菌功能的环保服装。

四、户外运动服装的发展趋势

通过对以上几款户外运动服装的分析,可以总结户外运动服装的发展趋势,其具体内容如下。

(一)款式趋势

就目前看来,户外运动服装的款式都比较保守,变化不大,这是由户外运动的特殊性决定的。人们在进行户外运动时,环境相对比较恶劣,登山、攀岩等运动都存在危险因素,所以户外运动服装在设计上注重保护功能。近几年户外运动服装的款式发生了变化,主要体现在合体度上,原来户外运动服装的设计都是宽松型的,这几年受时尚元素影响,裁剪上使用立体裁剪,收腰设计,放松量在保证活动自如的前提下尽量减小。拼接、印花等设计元素也出现在户外运动服装上,使穿着者摆脱以往臃肿、肥大又缺乏美感的状态。拼袖是户外运动服饰装发展的一大特色,在增强了服装功能性的同时,也加强了立体感和视觉上的层次感。所以装饰感加强是未来户外运动服装设计的一个趋势。

(二)色彩趋势

户外运动服装在色彩选择时通常选用艳丽醒目的色彩,一是通过这些色彩来表达休闲轻松的风格,在色彩上更加体现运动的活跃与舒适;二是为了在野外容易辨认,特殊的色彩运用在某种程度上可以保护运动者。近年来户外运动服饰在色彩上突破传统运动服装的单调设计，以大自然中的红、宝蓝、橙为主色调，鲜艳的暖色，如同跳跃的音符，洋溢着青春的活力，动感十足。在服装的领口、袖口以及裤边上均有亮丽的拼色设计，并且大胆运用对比色，悦目而不落俗套。时尚化的色彩元素被越来越多地用于户外运动服装的设计。

（三）面料趋势

户外运动服装所用面料的科学技术含量进一步提高。新一代 Gore - Tex Paclite Shell 布料，革新采用防油污及含炭成分的薄膜保护层，提供全天候多功能保护；穿着时更加方便，手感更加柔软；防油污特性，避免太阳油（防晒霜）等沾污衣物；100% 防水，防风、透气及独有“保证干爽”承诺。Power Stretch 贴身的四方位伸缩弹性，在穿着者流汗时仍能使保持干爽；质轻而保暖，它的外层为耐用的尼龙，可以抗风抗磨损；柔软的聚酯内层可以把湿气从身体表面排出，使穿着者保持干爽、温暖以及舒适，适合用于户外活动中的贴身衣物。总之，科技的创新让时尚户外运动服装妙不可言。

（四）功能趋势

户外运动服装和其他服装的最大不同就表现在功能上。由于户外和运动两个限定词，使得对户外服装的功能要求相对严格。户外运动发热量大、汗液蒸发多，要求服装散热和透气性能良好；野外难免遇到风雨雪雾，服装就要有一定的防水性能；户外运动尽量减轻负重，服装要尽量轻便；野外风大，高山寒冷，防风保暖性能要求高；户外洗涤条件有限，服装的抗菌防臭和防污性要求高；攀岩穿越，服装要求有良好的抗拉伸和抗撕破性。具体如下：紧贴式防风帽，可以进行纵向调节与猫眼收紧调节，纵向调节最好用魔术贴为好，且可以折叠后收进衣领，这样设计可以加强帽子的稳定性与贴合性，以达到保护头部的作用；衣服拉链趋向于为双拉链，可以方便装拆内胆，内链条上端应该有拉链包角，以防伤及皮肤，拉链上应该有带品牌标识的加长布带，方便在夜间或戴手套时拉拉链；袖下应有拉链通风并采用尼龙魔术贴粘扣，袖口处有手套扣；在手肘、腋下、臀部、膝部等部位采用具有四向弹力的面料或立体裁剪，从而保证使用者在从事高强度活动时活动的自如性；腰及底部有强力束腰及束底的猫眼收紧调节设计；在服装的某些部位采用高反光度、低辐射度的反光线，保证使用者夜间活动的安全性。这些部位可以根据设计来进行变化，体现户外运动服装的功能化与时尚化的完美结合。

第二章　户外运动服饰的功能性和流行性研究

随着户外运动的增多,户外运动服饰成为人们生活中必不可少的装备,选择合适的户外运动服饰不仅具有一定的防护作用,同时也能起到事半功倍的运动效果。

第一节　功能性运动服饰的选择与环境的关系

如何选择正确的功能性运动服装,穿着环境的关系是必须考虑的因素,如气温、湿度、风、辐射等。

一、温度与人体的关系

气温是指围绕人们周围的大气温度。气温的高低对人体有着直接的影响。除气候因素外,人们所处场所的温度还会受各种冷、热源以及、加热的原材料、供暖设备、制冷设备等对功能性运动服装的选择都会产生重大影响。

(一)气温对人体的影响

1. 高温对人体的影响

在适当的气温条件下,气温对人的行为没有特别显著的影响,但气温过高或过低时,它的作用就会十分显著。气温过高对人体主要会产生以下影响。

(1)对循环系统的影响。人在高温环境下,为了实现体温调节,必须增加心脏血液的输出量,使心脏负担过重,心率加快。研究表明,长期从事高温作业的工人,其血压比非高温作业的人员要高。

(2)对消化系统的影响。人在高温下,体内血液将重新分配,使消化系统相对贫血。由于出汗排出大量氯化物以及大量饮水,使得胃液酸度下降。在热环境中消化液分泌量减少,消化吸收能力受到不同程度的抑制,因而引起食欲不振、消化不良和胃肠疾病的发生。

(3)对神经系统的影响。环境对中枢神经系统具有抑制作用,主要表现在大脑皮层兴奋过程减弱,条件反射的潜伏期延长,注意力不易集中。严重时,会出现头晕、头痛、恶心、疲劳乃至虚脱等症状。

(4)对工作效率的影响。高温工作影响效率,人在27~32℃下工作,其肌肉用力的工作效率下降,并且促使用力工作的疲劳加速。当温度高达32℃以上时,需要比较集中注意力的工作以及精密工作的效率也开始受到影响。

2. 低温对人体的影响

当人体处于低温环境时,皮肤表面的血管收缩,体表温度降低,使辐射散热和对流散热降到最低的程度。在温度很低的环境中暴露,皮肤血管将处于持续的、极度的收缩状态,流至体表的血流量显著下降甚至完全停滞的状态。当人体皮肤局部的温度降至组织冰点(-5℃)以下时,组织发生冻结,引起局部冻伤。此外最常见的是肢体麻木,特别是影响手的精细运动灵巧度和双手的协调动作,手的操作效率和手部皮肤温度及手温有着十分密切的关系。手的触觉敏感性的临界皮肤温度大约是10℃,操作灵巧度的临界皮肤温度是12~16℃。如果人的手长时间暴露于10℃以下,其操作效率就会明显降低。

在工业生产中,研究人员早就发现一年四季气温的变化与生产量的升降有密切关系。曾有学者研究美国金属制品厂、棉纺厂、卷烟厂等工人的工作效率,发现每年隆冬与盛夏季节的生产量较低。有学者在研究美国三个兵工厂工人的工作效率与气温的关系时发现,意外事故出现率最低的温度为20℃左右;温度高于28℃时或低于10℃时,意外事故的发生将会增加30%左右。

(二)舒适的环境温度

一般认为,温度在21℃±3℃是舒适的温度。但在设计环境温度时,还应考虑以下因素。

1. 季节

舒适温度在夏季偏高,冬季偏低。

2. 劳动条件

不同的劳动条件下舒适的温度是不相同的。在室内,相对湿度为50%时,某些劳动的舒适温度范围:

(1)坐着从事脑力劳动:18~24℃。

(2)坐着从事轻体力劳动:18~23℃。

(3)站着从事轻体力劳动:17~22℃。

(4)站着从事重体力劳动:15~21℃。

(5)很重的体力劳动:14~20℃。

在有很强烈热辐射的环境中,气温还要低些。

3. 服装

服装对舒适温度的影响是可想而知的,人体所穿服装的薄厚对环境舒适温度的要求的高低是不同的。

4. 地域

人由于在不同地区的冷、热环境中长期生活和工作,对生活环境的习惯也不相同,所以对舒适温度的要求也不相同。

5. 性别、年龄

女子的舒适温度比男子高0.5℃左右,40岁以上的人的舒适温度比青年人高0.5℃左右。

当然,有些学者认为,保持舒适的温度并不意味着室内的气温固定在某一适当水平而恒定不变。例如,在室内,还要使气流速度有轻微的波动,这样可以避免单调的感觉,从而使人所处的环境产生有生气的效果。一般来说,人体对舒适温度的要求是平均量,有波动是允许的。有研究者还主张,室内的气温要根据室外环境的气温来确定,在一个工作日内温度的变化可能对劳动者的工作效率有积极影响。如果外界温度较低,开始时最好在稍冷的室内工作,等到适应之后,再提高室内温度。

二、湿度对人体的影响

湿度也称气湿,指空气中所含的水分的量。大气中的水汽来自江、河、湖、海、森林、草原和动物(包括人类)身上的水分蒸发。地球上的水分不停地蒸发和凝结,这两个可逆的水和水汽的形态变化过程,循环往复,产生了云、雾、雨、雪等气候变化。湿度变化——蒸发和凝结过程,伴随着热能转换,因而对气温变化有影响。

(一)描述湿度的指标

空气的湿度通常用水汽压、绝对湿度、相对湿度和露点温度等指标表示。

1. 水汽压

水汽压是指空气中水蒸气的分压。空气中的水汽含量多,则水汽压高;反之,则水汽压低。水汽压的单位通常用毫米汞柱(mmHg)或帕斯卡(Pa)表示。空气中饱和水汽压的高低,只取决于气温,而与其他气候因素(气压、风速、太阳辐射等)无直接关系。

2. 绝对湿度

绝对湿度又称含湿量,指单位体积空气中所含的水汽质量,又称为水汽密度。

绝对湿度的单位通常用 g/m^3 或 g/kg 表示。在16℃左右时，以 mmHg 为单位的水汽压和绝对湿度在数值上比较接近，因此，在一般室温情况下，也可以用水汽压代替绝对湿度。

3. *相对湿度*

在某一气温条件下，一定体积空气中能够容纳的水汽分子数量是有一定限度的。如果水汽含量未达到这个限度，这时的空气叫作未饱和空气；当水汽含量达到容纳限度时，称为饱和空气，过多的水汽将凝结成水滴。通常情况下，空气中的水汽没有达到饱和状态，空气中实际存在的水汽压或水汽密度与同一温度下饱和水汽压或水汽密度之比，用百分数表示，称为相对湿度。饱和空气的相对湿度为100%。

湿度常用相对湿度来表示，它反映空气被水蒸气饱和的程度。在一定温度下，相对湿度越小，水分蒸发越快。在高温条件下，高湿度使人感到闷热；在低温条件下，高湿度使人感到阴冷。相对湿度一般使用干湿球温度计来测定。

4. *露点温度*

当空气中水汽含量不变而气温不断降低时，空气中所包含的水汽将逐渐达到饱和状态，水汽凝结成露，此时的气温称为露点温度。露点温度只与空气中的水汽含量有关，水汽含量高露点温度高，水汽含量低则露点温度低。人们所处的活动环境中，空气的水汽含量通常是未饱和的，所以露点温度常比气温低。只有当相对湿度达到100%时，露点温度才等于环境温度。

（二）测量湿度的仪器

目前测量湿度的仪器有干湿球温度计、毛发湿度计、电子湿度计等。

1. *干湿球温度计*

干湿球温度计由两只温度计构成，两只均为普通的温度计，其中一只的水银球部包裹完全润湿的纱布（纱布的末端浸入距离水银球约2cm 的水壶中，浸入长度约4cm），即湿球温度计。湿球温度受环境湿度和风速的影响。湿球温度计外包的润湿纱布蒸发吸热，所以通常情况下，湿球温度计的读数要低于干球温度计的读数。两球温度差越大，说明蒸发散热越多，环境越干燥，环境湿度越低；两球温度差越小，说明蒸发散热越少，环境湿度越高。当两球温度相等时，说明环境湿度达到饱和。

2. *毛发湿度计*

人的头发吸收空气中水汽的多少是随相对湿度的增大而增加的，而毛发的长短又与它所含有的水分多少有关。毛发湿度计就是利用人的头发的这一特性而设计的。首先用酒精将毛发洗净去除油脂，然后以10根毛发为一束装置在容器中，毛发一端与指针连接，利用杠杆原理，放大毛发的伸缩度，指针在刻度板上指出湿度。还有一种方法是将头发的一端固定，另一端挂一小砝码，为了能够看清楚头发长短的变化，将头发绕过一个滑轮，同时在滑轮上安装一枚长指针。由于砝码本身的重量作用，而使头发紧紧地压在滑轮上。当头发伸长时，滑轮作顺时针转动，并带动指针沿弧形向下偏转；而当头发缩短时，指针则逆时针转动。设空气完全干燥时，指针所指的位置为0；空气中水汽达到饱和状态时，指针所指的位置为100，再用干湿球温度计进行校对，并标出刻度，这样就可直接测出空气的相对湿度了。

毛发湿度计的优点是构造简单、使用方便；缺点是不够准确，而且毛发不能表示湿度的瞬间值，多少要推迟一些时间，即迟差。在温度低的时候容易出现迟差。这种迟差一般在20～50℃时可忽略不计。

3. 电子湿度计

电子湿度计的工作原理是利用金属盐（如氯化锂、氯化钙等）在空气中有很强的吸湿性，吸湿后使盐中的水分增加，直到盐中的水分与空气中的水分达到平衡为止。盐的平衡含水量与空气相对湿度是一一对应的。空气相对湿度越大，盐中的平衡含水量越大，盐的电阻越小；反之，空气相对湿度越小，盐的电阻越大。利用这个原理，以氯化锂作为电阻式湿度计的发信器，在湿度测量和控制中使用。

通常情况下，舒适的相对湿度一般为40%～60%，相对湿度在70%以上为高气湿，在30%以下为低气湿。在不同的空气湿度下，人的感觉不同，湿度越高，空气的温度对人的感觉和工作效率的消极影响越大。据研究者推荐，室内空气相对湿度X（%）与室内温度t（℃）的关系应为：

$$X = (188 - 7.2t) \times 100\% \quad (t < 26℃)$$

例如，室温t为20℃时，湿度最好为$X = (188 - 7.2 \times 20) \times 100\% = 44\%$。

三、风对人体的影响

由于各地区的地理特点和气压不同而产生的空气流动，形成水平和垂直的气流。通常将水平的气流称作风。风速的大小与人体散热速度有直接关系。在高温时，气流可以帮助人们散发体内的热量，使人感到凉爽；在低温时，气流带走人体的热量，使人感到更加寒冷。因此，气流速度也是在考虑温度时必须考虑的一个因素。工作场所的风速与通风设备及温差、风压形成的气流有关。

（一）风的特征及表示

风的特征是以风向和风速来表示。风向是指风吹来的方向，通常以8个或16个方位表示。风速的单位用米/秒（m/s）或千米/小时（km/h）表示，可以使用风速计测定。风力等级和风速见表2-1-1。

表2-1-1　风力等级和风速表

风力等级	海面浪高		近海渔船现象	陆地现象	风速(m/s)	
	一般	最高			范围	中速
0	—	—	静	静,烟直上	0~0.2	0.1
1	0.1	0.1	寻常渔船略觉晃动	轻烟随风偏	0.3~1.5	0.9
2	0.2	0.3	渔船张帆时移动速度为2~3km/h	清风拂面,树叶微响	1.6~3.3	2.5
3	0.6	1.0	渔船渐觉晃动,时速5~6km/h	树叶摇动,旗帜展开	3.4~5.4	4.4
4	1.0	1.5	渔船满帆时,可使船身倾斜	树枝开始摇动	5.5~7.9	6.7
5	2.0	2.5	渔船缩帆	水面有波纹	8.0~10.7	9.4
6	3.0	4.0	渔船加倍缩帆,船身摇晃	打伞有困难,大树枝摇动	10.8~13.8	12.3
7	4.0	5.5	渔船靠岸停息港中	迎风走不动	13.9~17.1	15.5
8	5.5	7.5	所有的渔船不出海	吹断树枝	17.2~20.7	19.0
9	7.0	10.0	渔船航行困难	小屋遭受损坏	20.8~24.4	22.6
10	9.0	12.5	渔船航行危险	树起屋倒	24.5~28.4	26.5
11	11.5	16.0	渔船无法航行	陆地上很少见	28.5~32.6	30.6
12	14.0	—	海浪滔天	陆地绝少	32.7~36.9	34.8

(二)风速的测量方法

风速的测量仪器有热金属丝式风速计、风车式风速计、卡他温度计。

1. 热金属丝式风速计(Hot Wire Anemometer)

热金属丝式风速计是将一根通电加热的细金属丝置于气流中时,热金属丝被冷却,电阻值变化,根据电阻值变化测量气流的速度。

热金属丝式风速计通常用白金丝或镍丝制作。通电加热的白金丝遇风时失去热量而被冷却,失去的热量与风速有关。热损失用白金丝的电阻变化来测定。根据白金丝的热损失量可计算出风速。从电流计测得白金丝(或镍丝)被加热到一定温度之后受气流影响而冷却时产生的电阻变化即可知道风速。此风速计对1m/s以下的微风也很敏感,反应快,使用方便。

2. 风车风速计(Vane Anemometer)

风车风速计是由八片叶片组合成的风车,其轴由齿轮连接在风速计上。它可用于1~15m/s的气流测量,测定时间为1min。

3. 卡他温度计(Kata Thermometer)

卡他温度计是由Leonard Hill在1916年设计的一种酒精温度计,用来测量微弱气流,尤其对方向不定的气流比较方便。

卡他温度计背面刻有固定值常数。测定时,先将卡他温度计的整个球部浸泡在50~60℃的温水浴中,使酒精球温度上升到38℃以上,再从温水浴中取出,迅速擦干水,将其固定在架子上。球内的酒精被外界空气冷却而逐渐下降,最终测量酒精从38℃下降到35℃所需的时间,同时准确测量此时的气温。

卡他冷却力(H)用以下公式表示:

$$H = F/T$$

式中:H——卡他冷却力,W/m^2;

F——卡他常数,J/m^2,具体数值请参见各卡他温度计的标注;

T——从38℃冷却到35℃所需的时间,s。

设:气温为t(℃),风速为v(m/s),风速与卡他冷却力的关系如下:

当$\frac{H}{4.18 \times 10^4 \times (36.5 - t)} \leq 0.60$,

$$v = \left[\frac{\frac{H}{4.18 \times 10^4 \times (36.5 - t)} - 0.20}{0.40}\right]^2$$,此时风速≤ 1m/s;

当$\frac{H}{4.18 \times 10^4 \times (36.5 - t)} > 0.60$,

$$v = \left[\frac{\frac{H}{4.18 \times 10^4 \times (36.5 - t)} - 0.13}{0.47}\right]^2$$,此时风速> 1m/s。

卡他温度计有干卡他温度计和湿卡他温度计两种类型。球部裹上湿纱布的叫湿卡温度计;没裹上纱布的叫干卡他温度计。干卡他冷却力表示人体在未出汗的情况下,通过辐射、对流方式所散失的热量;湿卡他冷却力表示人体在出汗的情况下,通过辐射、对流、蒸发方式所散失的热量。

关于舒适的风速，在工作人数不多的房间里，空气流动的最佳速度为0.3m/s；而在拥挤的房间里为0.4m/s。室内温度和湿度很高时，空气流速最好是1～2m/s。我国2015年出版的《采暖通风与空气调节设计规》中对舒适性空气调节室内计算参数做出了详细规定。

四、辐射热对人体的影响

太阳光主要包括红外线、可见光、紫外线等，太阳辐射热的最大强度（峰值）位于可见光的范围内，但半数以上的热能来自红外线。当阳光照射到服装之后，一部分被反射，剩余部分被吸收或透过。被服装吸收或透过的光线可以使身体感到温暖。影响环境气候变化并直接与服装工效学有关的就是这种太阳辐射的热效应。

在大气层上界的太阳辐射热能，随太阳与地球之间的距离以及太阳的活动情况而变化，其范围是75～84kJ/(m^2·min)，平均值约为82kJ/(m^2·min)，此值称为太阳常数。照射至地球表面的太阳辐射热强度小于太阳常数。因为太阳辐射射线通过大气层时，空气中的水蒸气、二氧化碳和固体漂浮物（微尘），能够吸收一小部分红外线。

在地球表面一定区域内，太阳辐射热的日变型及年变型，取决于太阳辐射的强度和持续时间。太阳辐射热的理论估算值取决于大气层厚度，而某一区域的大气层厚度又是由地球自转、公转以及地轴与公转轨道平面的夹角等因素决定的，这些因素都是可以比较精确地计算出来的。但是，真正到达地面的太阳辐射热量还取决于天空中云块的间隙及空气中的微尘、水蒸气的含量以及大气污染的情况，即与大气的透明度有关。这些因素只能粗略估测，而无法精确地进行计算。

太阳辐射射线投射到地球上某一区域所穿过的空气层的厚度，与太阳照射的角度即太阳高度角有关，也与该区域的海拔高度有关。太阳的高度角随该区域所在的地理纬度而异，最大值在热带区，向南北两极逐渐减小。

人在室内时，一般被比体表温度低的天棚、墙壁、地板等包围着，这时人体向这些低温表面辐射出辐射能。在室外有太阳或其他高温物体存在的情况下，人体会吸收其辐射能。辐射散失或吸收的辐射能量随着物体表面温度和表面性质的不同而不同。

冬天进入没有暖气的室内时会感觉很冷，是因为人体向四周的冷壁或冰冷物体上辐射出较多体热。但在屋里住了几天之后就不会觉得像当初那么冷了，这是因为周围物体的温度升高。进入众人聚集的房间时就会感到暖和，也是因为人体辐射热的原因。因此，辐射是服装工效学中的重要因素之一，尤其对于高热环境中或在日光直射下工作的人员，辐射热的问题更为突出。

五、物理环境量对功能性运动服装的选择的影响

生活中的环境物理量并不是单一出现的，它们往往是多种情况相互结合，这自然就对功能性运动服装的适当选择造成了一定程度的困扰。

因此，在选择功能性运动服装的时候，往往要考虑多种因素，不仅要考虑功能性运动服装本身对不同运动项目的选择，还要考虑防风隔热以及恶劣的天气下如何选择合适的功能性运动服装，进而对人体进行保护。服装系统的隔热和防湿性能由服装的合身性和纺织材料的性能共同决定。与此同时，在选择功能性运动服装的时候，也要参考以下一些因素。

(1)服装系统中的空气层越厚，则隔热和防水性就越好。

(2)服装系统中的绝热体实际上是里面静止的空气。

(3)服装系统中纺织品的防水层必须尽可能薄，以使水分能充分散发出去。

(4)纺织品的透气性好并不一定透汽性也好。

(5)如果没有服装紧贴皮肤，则服装系统的有效范围就更大。

(6)服装系统中对于热辐射的防护系数。

为了使选择的功能性运动服装具有防风、防水、隔热以及防辐射等多重功能，服装的织物材料表层通常会采用聚氯乙烯(PVC)涂层。涂层织物的透气性相对较差，通常是在恶劣的天气环境中，才会选择用这种材料做成的功能性运动服装。

随着科技的不断发展，很多功能性运动服装的材料已经发生改变，PVC 涂层已经逐渐被其他技术所代替，如多微孔涂层可以使服装呼吸，更重要的一点是传递感觉特性。使功能性运动服装的选择更加丰富多样。

功能性运动服装在选择时，更加注重与皮肤接触而产生的结果，能够有效做到温度、湿度、风以及热辐射等方面的平衡，这种平衡包括外界和身体散热的平衡，保证人体在运动出汗之后，功能性运动服装表面光滑的织物不会因汗液粘在皮肤上。与皮肤的直接接触越少，“灯芯草”作用(能快速吸收水分，并且吸湿后能迅速将水分传递出去)就越强，圈环状表面最好。双层针织物、双层运动衫比较理想。织物里层通常由人造纤维变形丝或短纤纱构成，外层通常是棉。拒水性人造纤维纱线的毛细管作用使得人体水分被棉吸收后能畅通无阻地向外散发，这使得汗液能从皮肤立即转移到织物上去，然后不受阻碍地向外界蒸发。这样可保持皮肤干爽，穿着舒适。

第二节　功能性运动服饰的材料选择

一、功能性运动服饰常用纤维

面料的最基本单位是纱线，其成分(纤维)和组织以及后整理工艺决定了面料的基本功能。在户外服装成品设计中，选对面料种类是第一步，比如夏季慢跑运动服装选择化学纤维比天然纤维更适合，因为前者几乎不吸水且吸湿散热性较快，在高温下进行剧烈运动更为干爽凉快。

纤维可以分为天然纤维和化学纤维两大类，前者的触感好、吸湿性强、亲肤性佳，所以很多人喜欢穿纯棉内衣；后者有明显的塑料感，几乎不太吸水，不过也因此比天然衣料速干很多。

(一)户外服饰常用天然纤维

1. 棉

棉是全世界最多人穿着且产量最大的天然纤维，吸湿强但干得慢，棉质在低运动量和高温时能充分发挥调节温湿度的能力，在休闲和攀岩服饰中会经常使用。再者，随着近几年环保意识的抬头，“有机棉”开始受到消费者瞩目。

2. 羊毛

羊毛是最常见的保暖用天然动物纤维，其复杂的结构使其拥有多重户外活动所需要的功能：温暖感、抗紫外线、防臭抑菌、超强吸湿性、温控能力、轻微受湿后仍具有保暖效果……但因羊毛纤维直径较大，所以传统的羊毛衫穿起来会“扎”。近几年品质更为细致的美利奴羊毛渐渐流行起来，越来越受到欢迎。

3. 羽绒

羽绒是保暖性最强的纤维，因是绒类，需要在防漏绒的高密织物面料中，以各种间隔形态制成羽绒衣，提高防风蓄热能力。羽绒的吸湿能力和温湿度控制能力极佳，但受潮后会稍微降低蓬松度和保暖性，全湿后保暖性尽失，还会带走大量的体热，所以，保持羽绒的干燥极其重要。

(二)户外服饰常见化学纤维

化学纤维大多由石油化工原料制成，所以它几乎不吸水，因此一般来说非常速干，但易产生静电。亲水性较高的有人造纤维 Rayon 和醋酸纤维，最常见的两大合成纤维是 Polyester(涤纶)和 Nylon(尼龙)。

1. 涤纶(Polyester,PES)

涤纶,即聚酯纤维,是用途广泛的人工合成纤维,也是户外用途较多的纤维面料。

2. 锦纶(Polyamide,PA)

锦纶,也叫尼龙(Nylon),比涤纶贵且含水率高,亲肤性好,通常用于高级内衣、贴身衣物、耐磨的外套和裤子上。

3. 弹性纤维——氨纶(polyurethane,Spandex,OP,PU)

最早使用的弹性纤维是天然橡胶,但天然橡胶容易老化脆裂,所以只有较好的弹性纤维才是户外服装的首选,最知名的就是杜邦公司的莱卡。不过大部分弹性纤维都以氨纶(即聚氨酯纤维)为原料,只是品牌、品质、加工工艺不同而已。由于单根弹性纤维太脆弱,无法直接使用,所以往往和其他纤维结合在一起使用。同时还可以制成防水透气膜、涂层、操场跑道及人造皮革,用途十分广泛。

4. 丙纶(Polypropylene,PP)

丙纶,即聚丙烯纤维。最早的排汗衣是将超薄的PP网布织在天然纤维布料的内层,因为PP具有超低含水率的特性,所以湿气外传导的速度超快。但它也同时有易臭和熔点低的问题,由其制作的帐篷不太受欢迎,且烤火时易被火星熔破,很多被涤纶所取代。随着这些缺点的逐渐被改善,现在又重返市场。

5. 黏胶纤维(Rayon)

黏胶纤维是最早被发明的人造纤维,早期存在浸湿后变硬、缩水、生产时需使用高毒性溶剂等缺点。直到制成环保化,同时改善浸湿后变硬、不好保养等问题后才大受欢迎,其原料可来自各种天然纤维,各项特征类似棉纤维,但更为优异,代表面料有天丝(Tencel)和莫代尔(Modal)。

6. 腈纶(Acrylic)

腈纶又称人造羊毛,保暖效果好但易起球,后处理可增加舒适感、改善排汗差的问题,但抗起球性差,常常单独或与羊毛混纺织成帽子、手套、袜子等。

7. 芳纶(Aramid)

芳纶阻燃性极佳,在高温状态下尺寸稳定,是极佳的电绝缘体,易染色、化学稳定性好,有超强的抗辐射性,是最常见的超耐磨纤维,主要用于极端气候环境或耐磨辅助使用上。

8. 乙纶(Polyethylene,PE)

乙纶,即聚乙烯纤维。常见的塑料制品和透明薄膜上都可以看见PE的踪迹,低密度的聚乙烯常用来生产塑料袋,高密度的聚乙烯则可作为背包的强韧轻量背板。哥伦比亚推出的直接透气防水薄膜Omni-Dry就是使用超轻的PE。

9. 氟纶(Polytetrafluoroethylene,PTFE)

氟纶,即聚四氟乙烯纤维,是 Core - Tex 的原料,有抗酸抗碱和抗各种有机溶剂的特点,几乎不溶于所有溶剂,耐高温,摩擦系数极低,有润滑作用,可以作不粘锅、牙线、吉他弦、水管内层的理想涂料。

二、功能性面料简介

户外服饰面料主要以功能性面料为主,功能性面料从字面就能理解其含义,即含有防护功能的面料。根据使用环境的恶劣程度主要分为两种,一种是在极端气候环境中使用,如极地探险、雪山攀登、长距离徒步探险、户外攀冰、攀岩等,对面料的防护性能要求非常高;另一种是较为普通的户外休闲活动中使用,此类布料以休闲时尚为主,讲究做工精细,手感柔软,穿着舒适,适用于短途徒步旅行、野外活动等。

根据不同的气候环境所需要的防护种类,功能性面料又可以分为防水透湿面料、速干面料、防风保暖面料、防紫外线面料、防静电面料、抗菌面料、防蚊虫面料、阻燃面料等。

第三节　功能性运动服饰的性能要求

一、保暖

(一)保暖材料的种类

保暖层最常使用的天然纤维是羽绒,因为它是世界上保暖重量比最高的纤维。羊毛则是早期登山者的最爱,但因为它价格过高且纤维偏重又不够速干,已渐渐被人造纤维制成的抓绒衣所取代。保暖层使用的化纤都是 Polyester,因为其产量最大,成本最低,只要使用适当的织造方法和后处理技术,不论是抓绒或化纤填充材料都能发挥较好的保暖性能。保暖层常见纤维的性能与价格比见表 2 - 3 - 1。

表 2 - 3 - 1　保暖层常见纤维

项目	抓绒	羊毛纤维	羽绒填充	化纤填充
同级款式价格	4	3	1	2
单位重量保暖层	3	4	1	2
等重款式蓬松度	3	4	1	2

续表

项目	抓绒	羊毛纤维	羽绒填充	化纤填充
湿后保暖能性	3	2	4	1
透气程度	1	2	3	4
温湿度调节性	3	2	1	4
耐磨损程度	1	2	4	3
保养洗涤方便性	1	3	4	2
纤维材料寿命	3	2	1	4
压缩收纳程度	3	4	1	2
触感舒适度	1	2	3	3
活动方便程度	2	1	3	4

注 数字1代表最好,2次之,以此类推。

(二)抓绒面料

抓绒面料也称抓毛绒、拉毛绒、经编绒布,摇粒绒等。抓绒产品主要是通过经编机、大圆机织造出的坯布经过拉毛、梳毛、剪毛、定型等后整理工序得到,还有些抓绒产品经过防静电、防泼水、防紫外线、柔软性等整理工序。

摇粒绒面料其实也是抓绒面料的一种(图2-3-1),只是在坯布的整理过程中增加了"摇粒"工序,使用专门的摇粒机整理。户外服装中所称的"抓绒"面料中很多都是摇粒绒面料。根据服装生产的需要,抓绒面料有单刷、双刷、单刷单摇、双刷单摇等区分,户外服装采用比较多的是双面抓绒(图2-3-2)。

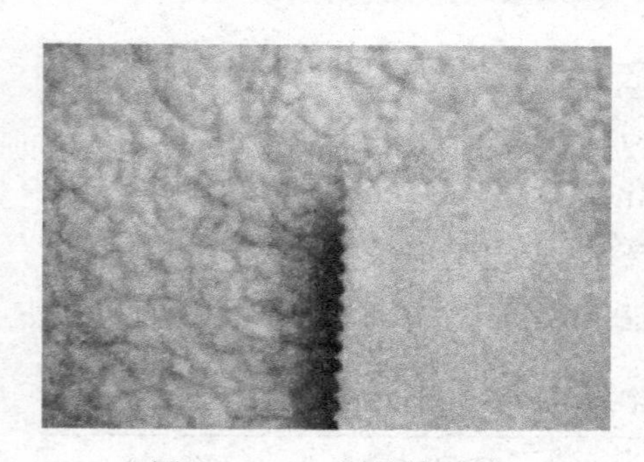

图2-3-1 摇粒绒面料

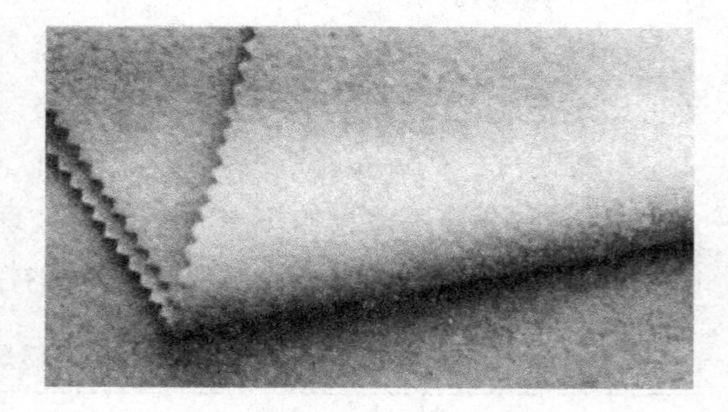

图2-3-2 双面抓绒

抓绒面料主要采用涤纶织造。由于棉纤维织造的抓绒面料很容易起球,所以只有少量的应用和混纺用。用以织造抓绒面料的涤纶有长、短丝之分,一般情况下涤纶长丝使用得比较多。涤纶具有强度高、耐磨、耐酸碱、耐高温、质量轻、保暖性好、不怕霉蛀等特点,但涤纶面料产生的静电较大。

抓绒面料结构众多,大致可以分为一般抓绒、抗风抓绒、防风抓绒三大类,其中,一般抓绒非常透气,因为它的基地网布织得非常宽松,连走路摆手都可以感觉到冷风灌入,此类抓绒衣需要外穿一件防风外套才能发挥抓绒面料的保暖性;抗风抓绒织得更为紧密,可以提高在微风下的保暖度,虽然增加了保暖感受和气候抵抗能力,但因此也变重不少,携带不如前者方便;中间贴合 Windbloc 和 Windstopper 防水膜的防风抓绒可能会搭配各种表布和里布,所以外观、重量、保暖度差异较大,这两种薄膜最大的差别在于前者弹性较好,后者较为透气,但都可以抵抗高达 100km/h 的狂风,缝份处通常没有防水条,所以无法完全防水(图 2-3-3)。

图 2-3-3 复合了防风透气薄膜的防风性抓绒

1. Polartec 面料

Polartec 面料是抓绒面料的一种,是美国 Malden Mills 公司推出的纺织品材料。迄今为止是户外市场上较受欢迎的抓绒产品(图 2-3-4)。

图 2-3-4 Polartec 标志

1979 年,超过百年历史的美国 Malden Mills 发明了全球首块摇粒绒(Fleece),将其命名为 Polartec Fleece。经过不断改良及发展,现在 Polartec 产品系列已有超过 200 种不同面料,并被《时代周刊》及《福布斯》杂志誉为世界上 100 种最佳发明之一。Polartec 比一般的抓绒衫轻、软、保暖性好,而且不掉绒。它干得也比较快,而且伸缩性也不错。Polartec 分轻量级、中量级和重量级。100 系列的为轻量级,适合做抓绒裤;200 系列最常见,保暖性比 100 系列好,又没有 300 系列那么重;300 系列保暖性最佳,适合极端环境,重量上也较重。

Polartec 作为目前量产抓绒中整体性能很好(当然也是很贵的)的面料,分为以下几个系列。

(1)保暖系列产品。Polartec Classic 100 主要用于内衣、帽子、手套,厚度大致相当于羊毛衫。由于编织得更加致密及 Malden Mills 公司神秘的后处理工艺,Polartec Classic 100 的保暖性明显好于一件普通羊毛衫,且更加柔软舒适,有一定弹性。且压缩性能较好(以下产品都是以它做参考来比较压缩性能)。另外,现在一些品牌的产品中出现的"Classic Micro"也是从 Polartec Classic 100 演变出来的一种更加轻薄的抓绒。Polartec Classic 200 是保暖层的主力产品,广泛运用在中层保暖、帽子、手套甚至是袜子。其保暖性以个人的实际使用体会,穿在冲锋衣内,5℃以上很舒服,压缩性能一般,无明显弹性,如果经过相应的后处理工序会拥有一定的防泼水能力,手感柔顺。但是需要注意的是,由于不同品牌商所使用的同一型号面料的产地有所不同,会造成面料手感及成衣实际使用感受上的微小差异,所以一般名厂的更好,这也是相同材料不同品牌价格差异的主要原因之一。Polartec Classic 300,其面料及其原理见图 2-3-5 和图 2-3-6。这种抓绒非常厚实,保暖性能相当于一件轻薄的羽绒内胆,一般用于中层保暖层。使用 Polartec Classic 300 的服装多用在长时间处于严寒环境的户外运动。但是由于其很差的可压缩性,已经逐渐被另一种性能更好的抓绒面料所替代,因此现在使用这种面料的产品已经不是很多。

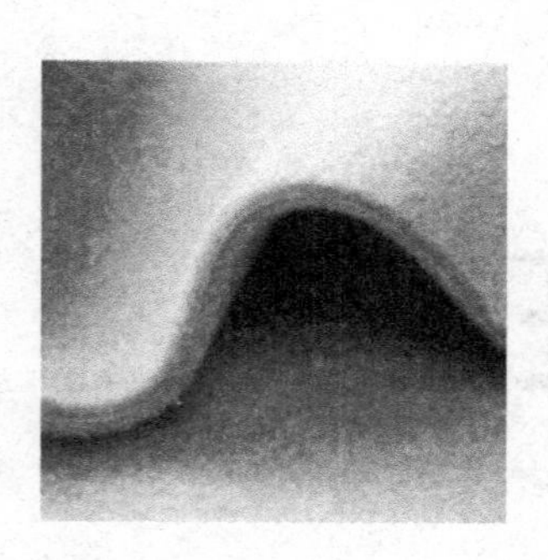

图 2-3-5 Polartec Classic 300 面料

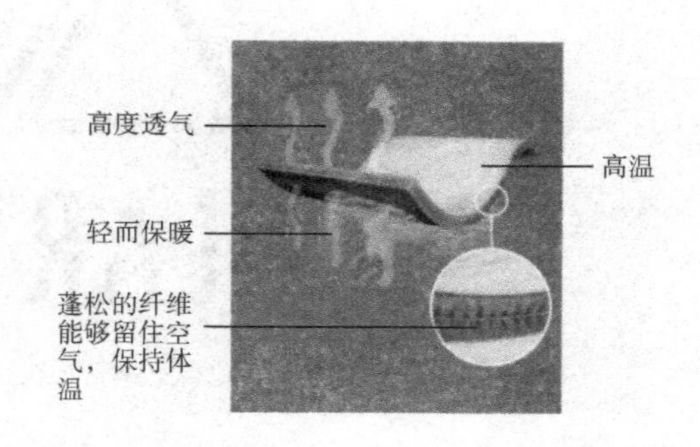

图 2-3-6 Polartec Classic 300 面料原理

如果将多种抓绒面料放在一起对比就会发现,Polartec Classic 系列虽然已经出现多年,但随着加工工艺的不断改进,其表面处理的水平还是各抓绒品牌中较好的。从目前已经公开的技术看,Polartec 公司会将原本已经可以作为成品出厂的摇粒绒再次进行梳理剪绒,从而使成品面料的表面达到异乎寻常的平整。

Polartec Power Dry 是作为一种速干材料开发出来的。这种面料里面是一层小方格的细绒，厚度比羊毛衫略薄，弹性很好，触感舒服，有很好的压缩性能。因为功能性的重点放在了吸湿排汗，所以不如 Polartec C1assics 100 保暖。一般作为内衣，也有作为手套的，但是很少见。

（2）防风系列产品。

①Polartec Wind Pro，压缩性能尚可，好于 Polartec Classic 200 的抓绒，但不如 Thermal Pro，防风性能比一般抓绒稍好，但是不会用它作为防风衣来穿。绒在外，不宜单独外穿（图 2－3－7）。

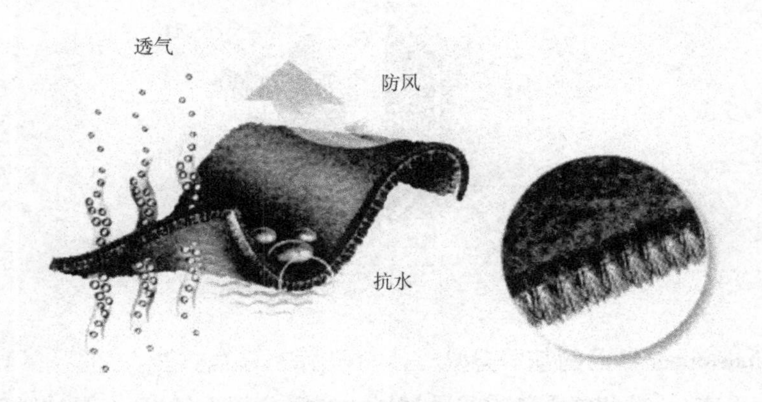

图 2－3－7　Polartec Wind Pro 面料原理

②Polartec Power Shield，依靠面料外层复合的尼龙面料能够达到非常好的防风效果。这种面料外面光滑，里面短绒，绒的厚度与 Polartec Classics 100 差不多，有弹性和良好的防泼水能力，防风感觉与尼龙类防风材料差不多，没有复合薄膜的产品防风性能好，压缩性能一般。

2. 贴合 Windstopper

防水膜的防风抓绒 Windstopper 是 Gore－Tex 公司开发的专业防风超低重量的薄膜，可以彻底阻隔风的侵入，防止身体热量流失，而且其高度透气功能，可令使用者保持清爽舒服，能避免因大风而失温。在防风抓绒产品中多采用此种薄膜。

Windstopper 能做出不同种类的产品，以供不同气候使用。常见的 Windstopper 抓绒系列，轻软保温，适用于寒冷天气。而 Windstopper 面布系列，其布身轻巧，用于较暖和的天气。

（1）贴合 Windstopper 防水膜的防风抓绒的特点。

①持久防风性。许多产品都是通过在服装表面加上一层涂层以达到防风效果，

而这层涂层又大多是不耐用的，还大大降低了服装的透气性。而 Windstopper 面料得益于戈尔公司创新的超轻薄膜技术，不仅耐用、透气，而且在服装的整个寿命期能够完全防风。Windstopper 意译为"止风者"。

②高度透气性。Windstopper 面料不仅具有防风性，还具有高度透气性。它可以抵挡风寒，阻止其穿透衣服而影响身体的微气候。同时它具有高度透气性，无论进行什么运动，它都能保持干爽和舒适（图 2－3－8）。

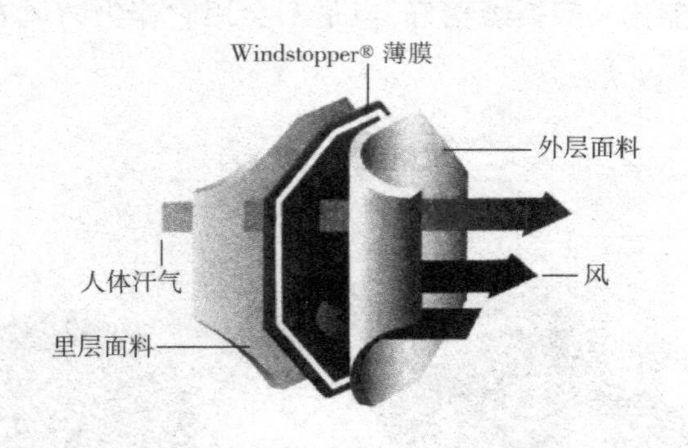

图 2－3－8　防风抓绒透气原理

（2）Windstopper 产品的基本类型。

①用作毛衣、长裤和休闲装的防风衬里。在寒冷的天气里，有了这种防风衬里，就不用穿夹克，而使穿着更为简便。

②制作外套、手套、头饰和其他饰物的防风抓绒。在寒冷、刮风的天气状况下，此种抓绒比普通抓绒暖和 2.5 倍。

③制作有氧运动和休闲装的防风外套。它们可以将运动时产生的热量损失和汗气凝结程度降至最低，并降低寒风的激冷效应。

④制作山地车及其他急速运动服装装的防风针织品。这种针织品轻盈、柔软，具有超强吸汗能力，是生产贴身衣物的理想材料。

（三）羽绒

1. 蓬松保暖度 FP 值

羽绒衣物的保暖度等于 Fill Power 数值乘以总填充量，所以不是每一件用 700FP 的羽绒衣都一样保暖，而是以填充量取胜。

Fill Power 是用来表示羽绒蓬松保暖度的单位，代表 1 盎司羽绒可以膨胀撑起来的体积，FP 越高就代表该羽绒品质越好、越贵、越保暖。如果填充等重的 400FP 和 800FP 羽绒在两件外套内，其蓬松度和积蓄空气的体积可能会差两倍，虽然整体保暖度还受到表布透气度、中间层的设计、重绒密度等相当多的因素影响，但因此可以得知只有填充高 FP 羽绒才能够达到极致轻暖境界。

2. *羽绒的分类*

常见的户外羽绒有以下几类：

①吊吊绒。是羽绒的一种，包括鸭绒和鹅绒。特点是绒的体积相当大，绒丝特别长，体形非常漂亮，绒心密度稍显不足，压缩后恢复弹力需要时间比特级种鹅绒稍长。价格是四种当中最高的，蓬松度可达到 800FP。

②特级种鹅绒。绒的体积比较大（比吊吊绒稍小），绒丝长度较长，绒心非常大而且密度非常高，压缩后恢复弹力极快，缺点是不好压缩。价格与吊吊绒接近或略低，蓬松度可达到 900FP。

③匈牙利白鹅绒。绒的体积中等，绒丝长度中等，绒心体积中等但密度非常高，压缩后恢复弹力很快。采购价低于前两种绒，但与特级种鹅绒非常接近，蓬松度可达 800FP。

④法国白鸭绒，绒的体积较小，绒丝长度一般，体积略小，绒心体积略小，密度较高，压缩后恢复弹力比上述三种都要慢些。以上特点与 700FP 的匈牙利绒基本相当，保暖性也基本相当，甚至清洁度和异味等级都超过很多优质鹅绒。品质性能应该算得上非常出色了，但最大缺点是绒子的含量很难提高，绒丝中碎绒含量较高，绒子含量很难超过 90%。价格远低于上述三种羽绒，性价比极高。蓬松度可达到 650 ~ 720FP。

（四）化纤填充材料

1. Thermore *材料*

20 世纪 80 年代中期，Thermore 成功推出了革命性的智能保温棉“T37 Dynamic”系列的第一款产品，这是第一种具有温度调节功能的保温棉。这种保暖棉在 ±10℃ 的范围内自动调节温度，幅度达 20% 之多。

Thermore 拥有众多专利技术，凭借丰富的经验和创新能力，不断开发出引领市场潮流的产品。Thermore Opera 系列结合了高性能的保温棉和一层超轻的防水/透气薄膜，集保暖与风雨防护功能于一身。Thermore Stretch 系列柔软纤薄，而且具有出色的弹性与延伸性。Therma - Scent 抗菌防臭系列保温棉经过了特殊的抗菌处理，能够有效地抑制细菌的生长。Thermore 所有的产品都可以机洗和干洗，并在使用过程中保持长期稳定的保暖性能。

2. Primaloft *保暖棉*

Primaloft 的组织结构有别于一般的中空保温棉，Primaloft 保暖棉本身达到了防水的功能。另外其授权生产厂生产的面料可直接贴棉，通过点贴加工，面料能达到61cm（24 英寸）无须刺绣定位处理，经 15 次水洗保温棉不移位，使服装在设计理念上有了一个飞跃，户外冬装不再与原先的风格雷同。

Primaloft 产品系列中的 PrimaLoft One 是极佳的微纤维保暖层，吸水性为一般纤维的 1/3，在干燥时的保暖效果比一般纤维多 14%，在潮湿时的保暖度多 24%，但价格较高，常用在保暖性要求较高的外套或较厚的保暖棉衣上。而 Primaloft Sport 产品系列一般用在较薄的和对保暖要求较低的户外运动服饰装、手套、睡袋中。Primaloft 产品保暖原理见图 2－3－9。

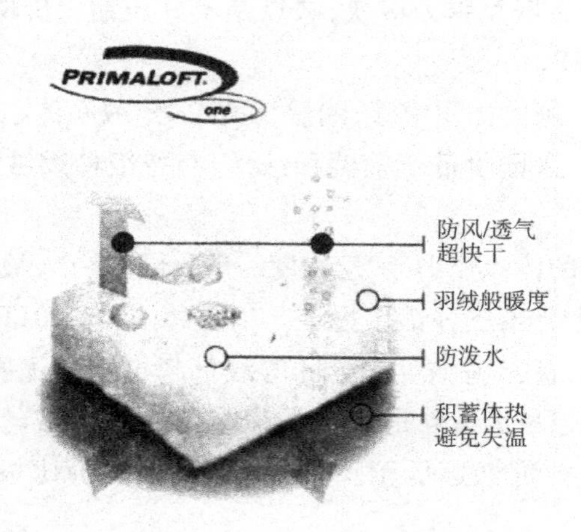

图 2－3－9　Primaloft 产品保暖原理

3. 新型保暖棉——新雪丽

新雪丽（英文名称 Thinsulate）是一种保温材料，由美国 3M 公司采用先进技术制造的超细纤维组成。同传统的保温材料相比，新雪丽的保暖性是一般羽绒的 1.5 倍，是其他高度松软保温材料的 2 倍。新雪丽保温材料的直径是一般纤维的 1/10，使得纤维间留存的空气更多。在同样大小的空间内，可以填充更多的纤维，因此能更多更有效地反射人体热辐射。同时，新雪丽保温材料的吸水量只是其自重的 1%，即使在潮湿的环境中它依然能够保暖。新雪丽保温材料全部可水洗，大部分可干洗，且洗涤后不会缩水，保暖性能变化极小。

新雪丽比棉相比吸水率小。新雪丽保温材料的纤维是由聚烯烃和聚酯高分子材料组成，吸水率小于自身重量的 1%，即使在潮湿的环境下，依然可以保持干燥，具有优异的保暖性能。

新雪丽与羽绒相比无致敏性。新雪丽制成的婴幼儿产品不会导致任何过敏反应,不会带有禽类的微生物,材料安全。另外,其保暖性强,穿着合适,不会有臃肿感。

新雪丽比毛纤维及仿毛纤维的多孔棉具有更优越的保暖性能。新雪丽的保温在于其超细的纤维,因为超细所以聚集了更多空气,所以也就更加保暖。

4. 竹炭棉

竹炭棉也称竹炭绒、竹炭纤维,是一种用竹炭纤维与各种纺织原料制成的新型环保、保健的混纺织物。竹炭棉一般取毛竹为原料,采用纯氧高温及氮气阻隔延时的煅烧新工艺和新技术,使得竹炭天生具有的微孔更细化和蜂窝化,然后再与具有蜂窝状微孔结构的聚酯改性切片熔融纺丝而制成。该纤维最大的与众不同之处,就是每一根竹炭纤维都呈内外贯穿的蜂窝状微孔结构。这种独特的纤维结构设计,能使竹炭所具有的功能更大地发挥出来。竹炭棉制品往往具有吸湿排汗、干爽不黏腻、抑菌除臭、蓄热保暖、抗紫外线、抗电磁波、防静电、耐洗抗皱不缩水等功能性,富含对人体有益的氧离子、钙、镁、钾、锰、磷等多种天然矿物质。在户外领域,可以作为化纤填充物或除臭保暖内衣。

5. 杜邦棉

(1)DupontTM ComforMaxTM Classic。采用多层纤维结构,先进的纺织梳理工艺,内含纤维层层数比其他保暖材料多4~5倍,每一单层纤维层重量仅为5~10g/m^2,因此,保暖性能非常好而又异常轻盈、经久耐用,是生产高质量户外服装、软质外套和睡袋的理想材料。

(2)DuPontTM ComforMaxTM Premium。采用独特的无纺布技术,无纺布是由高压喷丝的超细纤维紧密交叠铺网而成,所以结构致密又富有超细微孔,材料具有防风性、透气性、防水性。在寒冷的环境下不会变得僵硬或产生噪声。

(3)uPontTM ComforMaxTM Radiant。在杜邦舒适调控系统保暖衬技术基础上,多了一层镀铝加压处理,其无纺布上的金属微粒涂层能加强反射人体辐射的热量,因此,其不仅具有良好的防水防风功效,而且较 Premium 保暖性能更为优越,是制作户外工作服、运动服装、摩托车服、捕鱼装、鞋具以及睡袋的上佳填充材料,并且制作简便,无须绗缝。

二、防水透湿

防水透湿面料是指具有使水滴(或液滴)不能渗入织物,而人体散发的汗气能通过织物的空隙扩散传递到外界,不致在衣服和皮肤间积累或冷凝,并具有防风保暖性的功能性织物。它是人类为抵御恶劣环境的侵害,不断提高自我保护的情况下出现的,集防风、雨、雪,御寒保暖,美观舒适于一身的功能性纺织品。

(一)防水透湿贴膜

在户外服装领域,防水防风层往往采用防水透湿贴膜层压面料以解决外部防水防风与身体产热透湿之间的矛盾,并以此来提高人们穿着的舒适性。防水透湿贴膜层压面料是由普通纺织面料与防水透湿薄膜层压复合而成,集防水、透湿、防风、保暖于一体的功能产品,是目前户外服饰产品中主要的防水透湿工艺,被人们称为"可呼吸面料"或"人类第二皮肤"。下面主要介绍常见的 e - FFFE 斥水微多孔薄膜、PU 亲水性防水透湿膜、TPU 亲水性防水透湿膜这三种防水透湿膜。

1. e - PTFE 微多孔薄膜

e - PTEE 微多孔薄膜有如下特点。

(1)防水。产品特征主要就是防水,布料的独特构造是由两种不同的物质制成,最重要的是 e - PTFE 薄膜,具有防水功能。在一平方英寸的 e - PTFE 薄膜上有 90 亿个微细孔。而一滴水珠比这些微细孔大 2 万倍,水无法穿过。在狂风暴雨(雪)下仍可抵抗雨(雪)的进入,做到 100% 绝对防水。

(2)透气。每个微细孔又比人体的汗气分子大 700 倍,汗气可以从容穿过布料。

(3)防风。由于每一平方英寸上的 90 亿个微细孔不规则排列,使 e - PTFE 可以阻挡冷风的侵入。

(4)耐用。e - PTFE 布料可阻止污染物、化妆品和油污的透过,使 e - PTFE 产品具有较强的使用寿命。e - PTFE 布料在低温下性能也不容易发生变化,所以常被用于各种较严酷的环境。e - PTEE 微多孔薄膜原理见图 2 - 3 - 10。

虽然 e - PTFE 面料防水透湿性能较其他面料出色,但是,也由于其本身的化学惰性,薄膜难以被自然界降解,燃烧温度高达 405℃,大规模的应用使得 e - PTFE 渐渐成为环境的杀手。面对如此难题,Gore 公司建立了称之为平衡工程的废弃服装回收机制以期降低其对环境的影响。

2. PU 亲水性防水透湿膜

PU 是 Polyurethane 的缩写,中文名为聚氨基甲酸酯,简称聚氨酯。PU 是聚氨酯,PU 膜即聚氨酯薄膜,是一种无毒无害的环保材料,对人体皮肤无任何伤害,广泛应用于服装面料、医疗卫生、皮革等领域。

产品的主要特征就是 PU 膜弹性佳,轻度高。在防水性上虽厚度极薄(0.012 ~ 0.035mm),却有其他材料无法比拟的表现,如可承受 10000mm 水柱以上水压,透湿度属亲水性原理,无微多孔膜易被清洁剂或汗水成分堵塞的问题。利用高科技在材

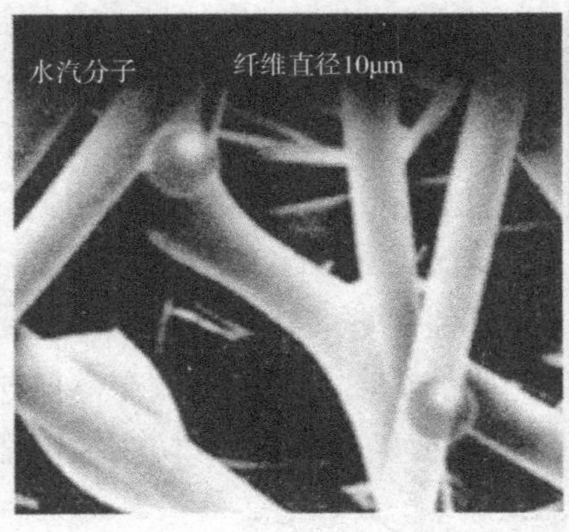

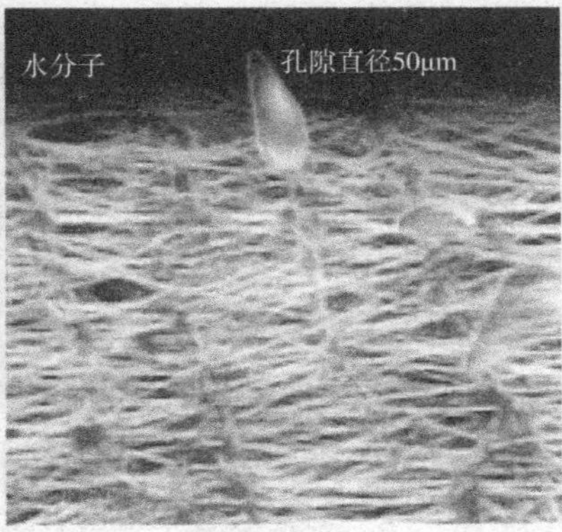

图2－3－10　e－PTFE 薄膜原理

料中导入亲水剂，使薄膜除了具有高防水性能外更具有极佳的透湿性，人体汗气可以在薄膜间自由穿透。配合纺织业的贴合加工技术，大大提升了其附加价值，现已广泛应用于滑雪服、风衣、防寒夹克、手套、帽子等。PU 膜原理见图 2－3－11。

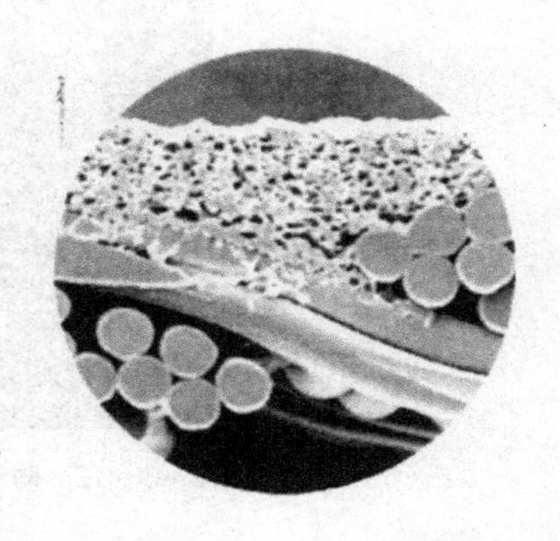

图2－3－11　PU 膜原理

3. TPU 亲水性防水透湿膜

TPU 薄膜是在 PU 薄膜基础上开发出来的。TPU 是热塑型聚氨酯薄膜的简称，属于无孔亲水性薄膜。由于薄膜本身没有孔隙，防水效果自然很好，同时也还使面料防风保暖，透湿主要通过其亲水特性来实现。

(1)产品特性。绿色环保，具有极好的透气透湿性、防水性、防血污、抗菌、防风且耐寒；TPU 薄膜耐久性强、易去污、易整理，可正常水洗。

(2)产品用途。野战军服、消防及军队特用服装；军队用帐篷、睡袋及邮政包；登山、滑雪、高尔夫等运动用衣；鞋帽用材、箱包、遮光窗帘、防紫外线伞布；防雨透气的雨披、休闲风衣等。

(二)防泼水、防水、透湿、透气和防风的概念

1. 防泼水

织物的防泼水特性，是指面料经过防泼水剂特殊处理，其表面可使水滴形成圆珠状，不会产生渗透、扩散而弄湿衣物，达到像荷叶般的防泼水功能(莲花效应)。防泼水加工正是利用这一原理，以各种化学材料在布料表面附着一层超细的“针床”，使布料表面的张力小于水的内聚力，因此水滴落后会形成水珠滚开，而不是摊开浸湿（图 2－3－12）。优秀的防泼水处理对于脏污的防护效果也是很好的，只要用水冲就可以轻松洗掉污渍。如果这层“针床”结构被压平或遭油污覆盖渗入，面料的防泼水能力就会大幅度降低，甚至开始吸水。所以，高档的面料经过具有超耐久的防泼水处理。

冲锋衣为何要进行防泼水处理呢？因为面料表层吸水后不仅会降低服装衣着系统的保暖度，在湿透后还会形成一层阻挡空气进出的水膜，让透气雨衣变得和塑料雨衣一样不透气而且返潮，使穿着者感到极度闷湿难受，所以冲锋衣要做防泼水处理。

图 2－3－12　防泼水处理后水泼洒在面料上的效果

2. 防水

防水是防止水分子渗入的功能性。现在的防水处理往往采用防水膜来阻止水分子渗入，但薄膜本身过于脆弱，所以要依靠表布、薄膜、内里相互配合才能达到防水的功能。防水能力用抗水压值来表示，即以固定面积的防水布阻挡持续上升的水压，当表面渗出第三滴水珠时即为该面料的抗水压值。通常超过 1000mm 水柱就可以达到最基本的防水能力，这个数值越高越好，因为防水薄膜会随着洗涤而降低抗水压能力。在户外活动中，由于背包压迫、膝盖弯曲、坐在地上滑行等都会提高外界水压，所以超过 3000mm 水柱是必要的。

3. 透湿

透湿专指间接透气防水薄膜所提供的功能，而不是说透气，因其是两种不同的机制，虽然最终都能让汗气穿过面料往外界散发。透湿需等汗气被亲水无孔膜吸收在内部成为汗水分子，并以微布朗运动的方式，受服装内外湿度压力差的影响而往薄膜外部移动，再转变为气体穿过表布排出，所以被称为间接透气。

4. 透气和防风

透气在防水透气膜中专指斥水多孔防水薄膜所提供的功能。透气是让气体直接穿过“斥水多孔膜”的空隙，由于速度较快，所以称作直接透气。

只要是面料都具有一定的防风功能，面料织得越紧密防风能力越强。透气性不好的织物防风能力一般较强。

三、抗菌

抗菌面料的英文为 Antimicrobial Fabric、Anti - Odor Fabric 或 Anti - Mite Fabric。抗菌面料具有良好的安全性，它可以高效去除织物上的细菌、真菌和霉菌，保持织物清洁，并能防止细菌再生和繁殖。银系抗菌材料是被广泛使用的一种抗菌材料。

在纤维内部加入银基抗菌物质，或者通过含银抗菌剂后整理方式使得面料获得优异的抗菌性能。目前通过后整理方式使得面料含银而具有抗菌功能的方法，成本较低，但是其耐洗涤性较差。在纤维内部加入银以获得抗菌性能，这样的抗菌纤维不仅杀菌效果显著，而且其具有低溶出性的特点，不会对皮肤造成伤害。主要产品有涤纶抗菌防臭面料、尼龙抗菌防臭面料、防螨抗菌整理面料、防螨虫面料、防虫面料、防霉面料、防霉防腐面料、抗菌保湿面料、护肤整理面料、柔软面料等。抗菌面料技术原理见图 2 - 3 - 13。

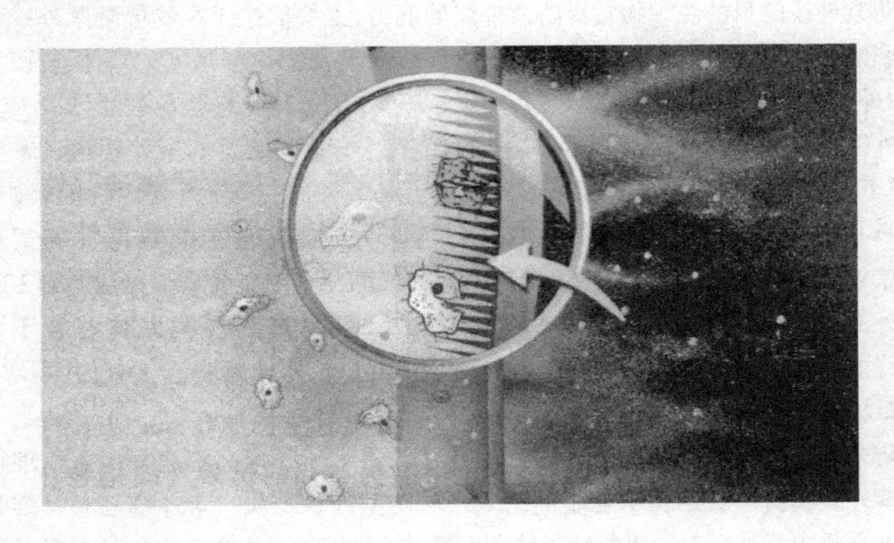

图 2 - 3 - 13　抗菌面料技术原理

四、抗紫外线

紫外线，英文名称为"Ultraviolet""Ultraviolet radiation"或"Ultraviolet ray"，简称UV。太阳光中的紫外线虽然具有消毒杀菌、促进骨骼发育、直接影响人体维生素D的合成等优点，但也可能使皮肤老化产生皱纹、产生斑点、造成皮肤粗糙和皮肤炎乃至皮肤癌、促进白内障等。

紫外线照射到织物上，一部分被吸收，一部分被反射，一部分透过织物，透过的紫外线对皮肤产生影响。在一般情况下，紫外线的透过率 + 反射率 + 吸收率 = 100%。因此为减少紫外线对皮肤的伤害，从纺织品方面来说，必须减少紫外线透过织物的量，也就是说照射在织物上紫外线的反射和吸收越多，透过织物的紫外线就越少，对紫外线的防护性能就越好，对皮肤的伤害就越小。

UPF是英文"Ultraviolet Protection Factor"的简称，即紫外线防护系数。根据我国国家标准中的定义，UPF指的是"皮肤无防护时计算出的紫外线辐射平均效应与皮肤有织物防护时计算出的紫外线辐射平均效应的比值"。这个定义比较抽象，可以这样理解UPF的物理意义，比如UPF值为50，就说明有1/50的紫外线可以透过织物。UPF值越高，就说明紫外线的防护效果越好。

1. 紫外线的防护原理

紫外线的防护原理就是采用紫外线屏蔽剂对纤维、纱线或织物进行处理，从而达到防紫外线的目的。织物自身防紫外线的能力，主要取决于织物屏蔽紫外线的能力。影响因素有织物组织结构、纤维原料、纱线配置及织物色泽等。但是，有研究认为，户外活动人体衣着的紫外线透过率须在10%以下，其中皮肤易被晒红的人其衣着紫外线透过率须在5%以下，而对紫外线过敏的人，其衣着的紫外线透过率须在1%以下。因此单凭织物本身屏蔽紫外线能力是不够的，涤纶、羊毛、蚕丝对波长在300mm以下的光有很强的吸收性，棉织物也是紫外线容易通过的原料。一般男衬衫的抗紫外线指数在UPF10以下，太薄而通透的聚酯与羊毛排汗衣也无法达到UPF15的户外最低标准，厚重的棉制牛仔裤却可以轻易超过UPF50的高标准，所以不太抗紫外线的面料必须依赖各种处理来提升到UPF30以上才算是符合户外使用需求。

2. 防紫外线处理面料

防紫外线处理面料可以采取后整理与紫外线遮断纤维两种途径。后整理得到的防紫外线面料一般是在织物表面涂敷一层防紫外线物质。紫外线遮断纤维是在成纤聚合物中添加反射与吸收紫外线的陶瓷粉。如TiO_2和超细ZnO具有吸收紫外线的能力；滑石、高岭土、碳酸钙具有反射紫外线的能力，通常是将这几种材料组合使用。对织物施加紫外线屏蔽剂时，可将屏蔽剂与染色同浴进行，紫外线屏蔽剂分子像染料分子一样溶于纤维内部；也可将紫外线屏蔽剂通过浸轧或涂层的方法固着在织物的表面；或者采用微胶囊技术，使紫外线屏蔽剂与其他功能性助剂合并，开发多功能的新产品。

3. *防紫外线纺织产品的测试方法*

国内外采用较多的纺织品防紫外线性能测试方法主要有两种：仪器法和直接法。直接法包括人体照射法和变色褪色法。

(1)人体照射法。在同一皮肤相近部位，以一块或几块织物覆盖，用紫外线直接照射，记录和比较出现皮肤上红斑的时间以进行评定，时间越长说明其防护效果越好。

(2)变色褪色法。将试样覆盖于耐晒牢度标准卡上，在距试样 50cm 处用紫外线灯照射，测定耐晒色牢度标准卡到一级变色的时间。所用时间越长，说明遮蔽效果越好。

防紫外线纺织品目前还具有一定的局限性，即防紫外线添加剂引入纤维后易挥发，难以长久保持防晒降温的功能。随着现代人类越来越重视对紫外线的防护以及新助剂的研发，使得具有这一功能的纺织品有着非常广阔的前景。

第四节　常用功能性面料的测试项目

运动项目不同，所要求的功能性运动服装的特性也有所不同。户外服装产品开发，其面料的功能性是至关重要的因素，对面料的测试是打样和生产大货前必做的工作。关于测试标准，AATCC 和 ASTM 为美国测试标准，JIS 为日本测试标准，ISO 为国际测试标准，GB 为中国国家标准，国际上通用标准为美国标准最多，中国国家标准设置测试要求数值为最低。下面以防水透湿面料为例从纺织、印染、面料后处理三方面介绍常用功能面料的测试项目及标准。

一、纺织过程中的测试项目

(一)对纱线的要求

纱线的品质直接影响面料的品质，纱线的强力决定着面料的抗撕裂程度。纱线强力越好，织物的耐磨性、耐穿性就越好，在野外环境中更能起到保护人体的作用。

(二)纺织过程中的测试项目

纱线在织制成坯布过程中,常见的测试项目与相关标准如下。

1. 手感

要求柔软,户外运动服装面料手感都有些偏硬,目前开发出的新产品手感有所改善,但户外休闲面料要求更柔软些。

2. 纬斜

美国测试标准 ASTM D3882,染色布的纬斜要求是有效幅宽的3%以内为A级品,格子布和印花布的纬斜要求是有效幅宽的2%以内为A级品。纬斜如果超过美标范围,易导致服装水洗后变形扭曲、格子布的格形和印花布的花型不对称、不美观。

3. 密度

美国测试标准 ASTM D3775 要求经纬向密度偏差在±3%以内为A级品。

4. 面密度(克重)

美国测试标准 ASTM D3776 要求织物面密度偏差在±3%以内为A级品。

5. 撕裂强力

美国测试标准 ASTM D1424 根据不同品种面料具体要求,用千克(kg)、磅(LB)、牛顿(N)表示其布面经纬向测试数值,抗撕裂性好坏,影响到服装的耐磨耐穿性。

6. 拉长强度

美国测试标准 ASTM D5034 根据不同品种面料具体要求,用千克(kg)、磅(LB)、牛顿(N)表示其布面经纬向测试数值,拉长强度好坏,影响到服装的耐磨耐穿性。

7. 接缝强度

美国测试标准 ASTM D434 根据不同品种面料具体要求,用 mm 表示其测试数值,接缝强度的好坏,影响到服装拼缝的滑移,进而影响服装的耐穿性。

8. 缩水率

美国测试标准 AATCC 135 要求经纬向缩水率在±3%以内为A级品,缩水率若超出3%,影响到服装穿着水洗几次后的尺寸稳定性。

二、印染过程中的测试项目

印染厂染色时颜色必须在接受范围内,且不能有“阴阳色”,布面品质合格,另外就是对织物重要的物理性能的要求。

1. pH 值

美国测试标准 AATCC 81 要求织物 pH 在 4.5 ~7.5(人体偏弱酸性,所以规定值为弱酸性范围适合人体,如果呈碱性,则皮肤易受刺激而干燥不舒服)。

2. 耐光照牢度

美国测试标准 AATCC 16E 要求氙弧灯管 20h 照射 4 级,40h 照射 3 级(主要是耐阳光照射,一般穿着户外服装在滑雪、登山等户外运动时防止阳光照射服装变色,若遇险情,其醒目的服装颜色,方便等待救援)。

3. 耐摩擦色牢度

美国测试标准 AATCC 8 要求干磨 4 级,湿磨 3 级。

4. 耐水渍色牢度

美国测试标准 AATCC 107 要求变色 4 级,沾色 3 级(此要求通过棉、尼龙、涤纶、羊毛、腈纶、醋脂等布块测试看变色、沾色评判等级)。

5. 耐机洗色牢度

美国测试标准 AATCC 61 -2A 要求变色 4 级,沾色 3 级(此要求通过棉、尼龙、涤纶、羊毛、腈纶、醋脂等布块测试看变色、沾色评判等级)。

6. 耐汗渍色牢度

美国测试标准 AATCC 15 要求变色 4 级,沾色 3 级(此要求通过棉、尼龙、涤纶、羊毛、腈纶、醋脂等布块测试看变色、沾色评判等级)。

国外知名品牌 Columbia(哥伦比亚)和 The North Face(TNF,北面)等主要采用以上纺织方面 8 项和印染方面 6 项美标要求数据作为测试标准。但有些颜色敏感度和染料无法克服的自身缺陷及技术难关,有些指标达到标准还是有一定难度或无法实现。部分含偶氮组分而致癌的染料和甲醇超标的化工产品明确禁用。国内外户外服装中低档品牌对此要求不高或不详细,甚至不完全清楚物理性能指标高低对人体保护的重要性,对此各相关部门要高度重视。

三、面料后处理过程中的测试项目

面料后处理包括干法涂层、湿法涂层、贴膜复合(含点贴和转移贴两种)等工艺流程,在加工过程中需添加很多化工产品来完成户外面料的功能性。但化工产品有一定有害物质,所以从印染到后加工必须规定有害物质控制在一定范围,所使用化工产品必须是环保型材料。干法涂层、湿法涂层、贴膜复合的面料相关测试基本相同。

面料后加工工艺完成后,要测试以下物理性能。

1. 防水性

美国测试标准 AATCC 22—2005，要求洗前 100 分（5 级），水洗 10 次后 90 分（4 级），水洗 20 次 80 分（3 级）。

2. 撕裂强力

经过干法涂层多道工艺，特别是压光，必将导致织物撕裂强力下降很多，减弱服装耐磨损性，如果不能满足同品种的撕裂要求，加工过程中考虑添加抗撕裂剂，提升面料的撕裂强力，当然此抗撕裂剂是环保材料。

3. 涂层均匀度

面料涂层，是把 PU 胶放在布面，用刮刀均匀刮在布面上，定型完成后，可用取克重机在布面左、中、右各取一块称克重，便得知左中右的数值是否合格。

4. 雨淋

美国测试标准 AATCC 35，测试时用布固定位置，滴水淋在织物表面，一般渗透量 $<1g$ 为合格品。

5. 耐水压

美国测试标准 AATCC 127、日本测试标准 JIS L 1092B，耐水压用 mmH_2O 表示，国外知名品牌在 $5000mmH_2O$ 指标或以上较多（洗后测），国内外中低档品牌普遍要求 $1000 \sim 3000mmH_2O$（洗后测）。

日标测试采用正杯法测，美标测试采用倒杯法，两者测试值结果不同。值得注意的是，国外知名品牌测试是水洗 5 次或更多次后测试，国内外中低档品牌都是水洗前测试的。耐水压洗前测试值很容易达到，但洗几次后就会下降很多。从专业角度上讲，测试最好是 5 次或更多次水洗后测，这样耐水压比较好。否则只重洗前测，做成服装穿在身上后，多次洗后耐水压下降很厉害，防水性能就差，且容易脱胶或起泡。

6. 透湿度

美国测试标准 ASTM E96，日本测试标准 JIS L 1099B1，透湿度用 $g/(m^2 \cdot d)$ 表示，国外知名品牌在 $5000g/(m^2 \cdot d)$ 或以上较多，国内外中低档品牌普遍要求 $1000 \sim 3000g/(m^2 \cdot d)$ 以内。知名品牌测试及其他品牌是洗前测试，透湿度经多次洗后数值会慢慢上升。

7. 胶面剥度牢度

美标采用 AATCC 135 测试标准，连续水洗 24h 不脱离。

一线户外品牌服装面料产品性能常规测试标准要求见表 2－4－1。

表 2-4-1　一线户外品牌服装面料产品性能常规测试标准要求

测试项目	测试标准	方法	测试要求与允许偏差
纬斜(Skew)	ASTM D3882	略	3%
面密度(Weight)	ASTM D3776	略	±3%
pH(pH Value)	AATCC 81	略	4.5~7.5
密度(Thread Count)	ASTM D3775	略	±3%
雨淋测试(raining test)渗透量	AATCC 35	略	<1%
成分含量(Fiber Content)	AATCC 20	略	<3%
撕裂强力(Tear Strength)	ASTM D1424	略	客户要求
拉长强度(Tensile Strength)	ASTM D5034	略	客户要求
接缝滑移(Seam Performance)	ASTM D434	略	客户要求
缩水率(Dimensional Change)	AATCC 135	略	±3%
防水(Water Repellency)	AATCC 22	略	客户要求
耐水压(Water Proofness)	JIS L 1092B	略	客户要求
	AATCC 127	略	客户要求
透湿度(Moisture Proofness)	JIS L 1099B1	略	客户要求
	ASTM E96	略	客户要求
耐光照色牢度(Colorfastness to Light)	AATCC 16E	20h	4 级
		40h	3 级
耐水渍色牢度(Colorfastness to Water)	AATCC 107	变色(Ahade Change Min.)	4 级
		沾色(Staining Min.)	3 级
耐摩擦色牢度(Colorfastness to Crocking)	AATCC 8	干磨(Dry Min.)	4 级
		湿磨(Wet Min.)	3 级
耐机洗色牢度(Colorfastness to Laundering)	AATCC 61-2A	变色(Ahade Change Min.)	4 级
		沾色(Staining Min.)	3 级
耐汗渍色牢度(Colorfastness to Perspiration)	AATCC 15	变色(Ahade Change Min.)	4 级
		沾色(Staining Min.)	3 级

第五节 服饰的流行性与户外运动服饰的流行风格

围绕着一个具体的运动服装品牌进行的产品研发和具体针对某一运动服装分类进行的产品设计在设计角度和思路上是有区别的。一般来说，目前的运动品牌在产品开发的周期上是以一年的春夏和秋冬两大季节作为时间上的区分，在产品研发的运作程序上也更加全面和完整（图 2-5-1）。

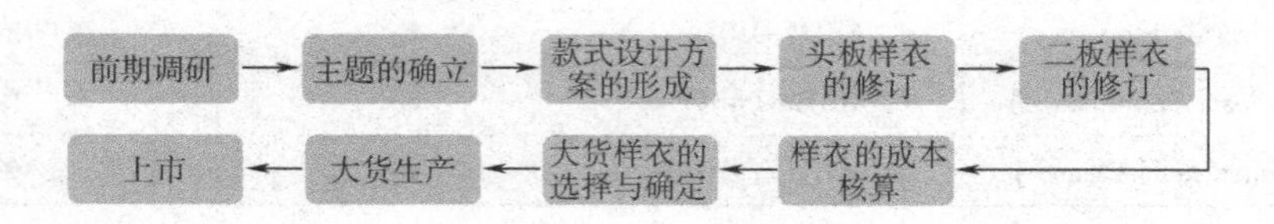

图 2-5-1 运动服装产品研发流程图

在运动服装品牌每一季的产品研发过程中，在第四章中介绍的运动服装设计方法的应用发挥了很大的作用。其中尤为重要的是前期调研和产品设计概念的确定。设计师在设计构思中要抓住运动品牌的核心精神，结合消费者的需求设计出有特色和创新的运动服装，才能使产品受到欢迎，品牌形象深入人心。

为了在设计开发过程中有一个明确的方向，需要在具体设计前确定明确的设计概念。产品的结构、特征是什么？潜在的消费群体有哪些特点？这些都需要具体的调查和分析来得到信息。运动服装设计前期的几个调研方法可以为设计师下一步的设计方向提供可靠的依据。

一、前期调研与设计概念的确定

运动服装设计主题是展现设计灵感来源和设计特色的主要手段。因此，在提出设计主题时，要考虑与运动服装设计相关的审美因素、功能因素及商业因素等的影响。在运动服装设计中，街头时尚一直是影响运动服装风格变化的关键。在提出具体设计主题时，要对相关的流行因素进行分析。例如，近年来都市运动文化的流行，户外探险、街头篮球、滑板、滑雪、极限自行车的火爆，就连中老年人都开始关注各种各样的健身运动，音乐、电影、网络、都市青年的着装取向都可能成为运动服装设计的灵感来源。

2008 年北京奥运会期间，运动的时尚风必定到达新的高峰，如何找到一个能将时尚、运动文化和运动服装设计创新相融合的设计理念呢？在这个设计方案中，首先应对消费者的生活状态、运动爱好和参与方式进行仔细研究，再结合品牌的产品定位特色，在具体设计实践中对运动服装的分类方式进行改变，从消费者的年龄和兴趣特点、穿着地点、时间、目的和具体需要进行考虑，最终推出主题。同时在运动服装的功能性设计上提出时尚与功能并重的原则，并将一个运动服装综合性和多样性的理念以及易于护理等问题考虑进去。

（一）运动服装设计调研方法的采用

SWOT分析法是一种可以帮助设计师客观判断目前品牌产品优缺点的方法。通过SWOT分析法的分析可以更加确立设计师的设计定位，SWOT是由四个英文字母组成，S（Strenght），是指优势，可以分析运动品牌现有的产品优势和品牌优势；W（Wick），是指劣势，要冷静、客观地分析现有的缺点和不足；O（Opportunity），是指机遇，是要能发现现有的机会，找到设计的切入点；T（Threats），是指威胁，是在找到机遇的同时也要客观地考虑到威胁，可能失误的地方。在采用SWOT分析法进行分析时，其过程更像一次头脑风暴会议，来自不同方面的人从各自的角度提出对品牌的优势与劣势、机遇与挑战的看法。市场营销人员和生产、采购人员、消费者、设计师在此时能够提出很多不同的意见，这样更能全面客观地反映出各个方面的意见，SWOT分析法能够客观地将优势与劣势、机遇与挑战进行比较和评估，使设计师全面客观地进行思考。

1. *优势*

（1）品牌知名度高、质量好、有信誉。

（2）品牌历史长。

（3）消费年龄广。

（4）产品风格适应北方市场。

2. *劣势*

（1）品牌知名度低，没有固定的设计风格，广告投放少。

（2）销售渠道和地域有限，产品与市场推广不配套。

（3）产品没有整体的特点，针对销售对象不明确。

（4）产品不够专业化、系列化，买点不明确。

（5）没有品牌竞争力。

（6）产品的科技含量不够。

（7）市场定位太大众化。

（8）特点不鲜明，功能不够完美。

(9)颜色搭配不协调。

3. 机遇

(1)产品明确定位产品休闲化。

(2)品牌仍有可利用的品牌价值。

(3)以质量、专业性区别于其他品牌。

(4)现在体育市场的大环境好。

(5)有潜在的消费群体(20~35岁,可达到40岁)。

(6)国内还没有真正有能力挑战国际品牌的体育产品。

(7)运动休闲类服装的发展空间大。

(8)北京以外的销售空间巨大。

(9)增加技术含量的同时重点宣传,加强指导性。

4. 挑战与威胁

(1)缺乏核心竞争力。

(2)逐渐增加的竞争对手。

(3)自身战略失误。

(4)同行的认知度提高,自己没有提升。

(5)产品定价过高。

(6)市场份额的减少。

(7)市场模仿。

对消费群体的分析也是设计前期调研时有效的方法之一,通过市场的分析将潜在的消费者群体具体化,这对有针对性地进行产品的设计很有帮助。用于市场分析的基本消费特征包括年龄、性别、教育、职业和收入。消费者的家庭结构、社会行为,特别是运动、休假的方式和习惯等内容也给设计师提供了设计的依据。例如,由于汽车近年来在我国的快速普及,使人们有更多的机会和条件去进行户外运动、滑雪或是自驾游等活动,对于此类运动的快速普及有很大的影响。目前的有车一族还集中在上班族群体中,因而户外运动、滑雪或是自驾游等类型的运动形式的年龄段就更集中在25~40岁,即工作后有一定经济能力购车的年龄段。

(二)汽车类比法与产品定位

一个运动服装品牌或是一个手机品牌在品牌的定位上一定有自己的选择,是重点投入在产品的技术研发上,走高品质、高价位的路线,还是以低价位取胜,但产品的技术含量和研发略低一筹,都有它的原因。在进行产品开发之前,应该对自己的产品和品牌的定位有一个明确的分析,并且也要对目前市场上已有的各种品牌的产品定位有所了解。有什么更直观、更清晰的比较方式能简明、准确地表达这样的信息呢?

在人们日常生活中,有一些大家能够达到共识的生活认知和经验。例如,人们对汽车的品牌和性能、价位和技术含量都有一定的认识。当提及某一典型的汽车品牌时,不同的人群都会对这一汽车品牌的总体印象有相似的评价。例如,宝马品牌的汽车就属于高品质、高价位、性能优越的典型代表。因此,可以利用人们的这种共识,将其他类型的产品和品牌与汽车品牌进行类比,用形象的比喻展示出不同产品的特点和定位。在运动服装的设计前期调研中,为了能够清晰地将国内市场的各种运动品牌进行分析,就可以运用汽车类比的方法。在类比时,先确定一个纵向是由低到高的产品技术含量的变化,而横向是产品价位由低至高的变化的十字轴向图。先将为人们熟悉的汽车品牌的产品按十字轴进行定位,再根据要类比的运动服装品牌的基本特点找出在十字轴上的定位,因此会得出不同运动品牌与不同汽车品牌的类比关系。

二、新的面料技术引导了服装性能设计的方向

由于新纺织技术的飞速发展,新型的材料不断地推陈出新,这给设计师提供了更大的空间,也使运动服装的性能更加先进、更加专业化。随着人们参与运动的不断深入,他们的一些新的运动着装理念也对服装的性能提出了更高的要求。设计师需要时刻关注这些新的信息,对新型材料要有所了解,在符合产品成本计划的前提下,运用新的面料和新的加工手段也十分必要,同时这也是吸引消费的手段之一。

(一)面料的性能、洗护特点与色彩、质感同等重要

服装设计师在选择面料时经常从面料的色彩、质感中找到灵感,但是运动服装设计师更需要对面料的性能十分了解。针对不同运动的特点和需要选择合适的材料是运动服装设计师的一个基本条件。而为了能够更好地运用这些材料,设计师还必须对材料的其他性能进行进一步的了解。例如,一些材料对洗护的方式和温度就有特殊要求,而拼接的材料之间的色牢度问题、耐磨性问题等很多看似细小的材料性能问题都不能忽视。当然,运动服装的审美因素也和功能因素一样需要重视,因此设计师在对材料色彩的选择和材料搭配等方面应该发挥审美优势,从而为人们提供舒适和美观的运动服装。

(二)通过色彩的设计来展现设计主题

在运动品牌整个系列的产品设计中,色彩的设计发挥了不可忽视的主导作用。设计师在经过前期周密的调研和分析后,将提出一个完善的设计主题方案,而根据

设计主题方案所产生的设计理念的重要表达方式就是色彩主题的推出。就运动服装色彩的功能性和审美性一样，在设计色彩的主题方案时，设计师需要将设计理念与实际的一系列客观因素相结合。比如，产品计划上市的时间和具体的销售地域的特点，目标人群的流行风格、年龄和文化背景等很多的因素。例如，以“十一黄金周”为契机的秋季户外服装产品，就采用了大自然气息浓郁的户外色彩。设计师推出主体色彩和搭配色彩，并采用潘东(Panton)色彩标号，与面料、辅料生产商保持统一。

(三)具体的设计与样衣研发过程

当初步的设计方案形成并且进入样衣的试制阶段时，也是运动服装设计的深化阶段。因为初步的设计构想更多的是在图纸上的二维效果，没有经过初步样衣的试制，设计师不可能完成设计深化。在对试制样衣的合体程度、是否运动自如、服装细节设计的合理性、色彩和款式的美观因素的调整过程中，设计师的初步设计方案得到了三维的见证，很多在图纸中考虑不到的问题都在这时暴露出来，一些严重的设计缺陷可能要求设计师考虑重新设计，而一些初步样衣的试制效果得到好评的款式就需要设计师更加认真地进行检验和修正。具体的调整内容包括对样衣板型的检验与调整、尺寸的修订、对样衣细节合理性和美观性的调整、对样衣材料的选择等方面。服装企业对样衣的生产十分重视，有专门的样衣制板间、加工车间，有详细的生产工艺要求和规格要求，这些都是很常规的工作内容。样衣的调整过程主要包括以下几点。

1. 运动板型的调整

当设计方案进入样衣的试制阶段也是运动服装设计的深化阶段时，需要对样衣的板型进行充分的测试和调整，即通过试穿样衣进行运动，找出在运动过程中容易出现的板型问题。调整样衣的板型是一个关键的步骤，它要检验样衣是否符合运动姿态和运动过程的需求，并结合人体工程学和运动特点来调整，使样衣的板型更加合理，特别是符合运动状态下的人体特点。

2. 对样衣细节的调整

符合功能和审美的双重需求才是其正满足穿着者需求的产品，因此设计师对样衣的款式、比例、色彩的选择和搭配等细节问题都要在这一环节中进行慎重的考虑。如对样衣具体的口袋位置、大小，领口的高低、围度等很多关系到美观与舒适性等方面的细节所进行的调整。特别是当设计方案以实际尺寸和比例呈现时，设计师就能够直观地发现问题，而试穿人也能够提出很多具体的感受，供设计师进行调整。

3. 头板样衣的修改与二板样衣的确定

通过对头板样衣细致全面的修改，设计师就基本完成了设计深化的任务。这些详细的修改意见将反馈到样衣的生产厂家，再由专门的服装工艺师对二板样衣的生产进行监督，二板样衣生产时基本上采用的是最终的面辅料，从而能够反映出设计方案的全貌。当二板样衣生产完成时，将有公司的市场销售部门、生产部门、财务部门和设计开发部门共同对样衣进行筛选。从各个角度全方位地决策哪些样衣即将进行批量生产，投放到市场上。

运动服装设计程序在运动服装设计开发的实践中是非常有用的。它的设计原则和指导思想使一个设计开发工作能够一开始就目的明确，有针对性。由于设计方法的系统性，使整个实践活动都能够一步一步地推动产品的开发进程。而针对将要投放到市场上的运动服装品牌产品的开发设计，前期充分而科学的调研和分析更加必不可少。这些分析和调研的手段能够帮助设计师在以满足用户的需求为前提的原则下，能够严密而全面地进行思考。而在设计过程中，样衣的试验和调整环节是设计师真正能够从图纸设计到实际样衣的深化设计的关键环节。这一关键环节也使设计师的设计理念和具体的设计方案得到反复的检验和推敲，从而能够真正达到向市场推出一系列满足需求的运动服装产品的最终目的。

第三章　服装工效学与服装材料学

第一节　服装工效学概述

一、人类工效学

国际工效学学会（IEA，International Ergonomics Association）对人类工效学的定义是：人类工效学是研究人在某种工作环境中解剖学、生理学和心理学等方面的各种因素，研究人和机器及环境的相互作用，研究在工作、家庭生活中和闲暇时怎样统一考虑工作效率、人体健康、安全和舒适等问题的学科。

在《中国企业管理百科全书》中，将人类工效学定义为：人类工效学是研究人和机器、环境的相互作用及其合理结合，使设计的机器和环境系统适合人的生理、心理等特点，达到在生产中提高效率、安全、健康和舒适的目的。

总结各界对人类工效学的概念之后可以发现，实际上我们所说的人类工效学是研究人、机器、环境三者之间关系的科学，是研究如何使人们工作、学习、生活得更安全、更舒适、更有效的一门介于生理学、心理学、人体测量学、工程技术和管理学之间的边缘学科。

（一）人类工效学的研究目的

从人类工效学的概念可以发现，人类工效学的研究目的主要有以下三点：使人工作得更有效、使人工作得更安全以及使人工作得更舒适。

上述的这三个目的在某些情况下是相一致的，例如，一台新型的办公设备可能比旧设备的工作效率更高、更安全、更舒适。但在某些情况下，这三个目标有时又是相矛盾的，例如，一种更安全、更舒适的操作方法可能比旧方法的效率要低些。一台新设备可以使操作人员工作得很舒适，但增加的效率有可能不足以补偿购买新设备所增加的投资等，这一矛盾关系的解决取决于人与机器的相对重要性，取决于人所处的时代、社会背景、环境条件等。

通过对古代生活的了解,即可发现,现在的生活与古代的生活比起来有很多方面的不同,甚至没有几个方面是相同的。当然,现在的生活也有异于理想的未来社会。因此,我们有时不得不适应于机器与环境,有时可以改造机器和环境使之更好地服务于人。这使得人类工效学研究者们的工作充满着矛盾和挑战。

在发达国家,生活水平比较高,因此人类工效学研究更强调人的重要性,其宗旨就是使其适合于人(fitting the task to the man)。我国当前生活水平还不算高,生产力也比较落后,在很多地方还是人要适应于机器。但是随着人们生活水平的不断提高,人的价值也将越来越高,人类工效学作为一门学科也将越来越受到重视,人类工效学的研究成果将对人的工作和生活发挥越来越大的影响。

(二)人类工效学的研究内容

从人类工效学的概念可以发现,人类工效学的研究涉及人的工作、学习和生活等多个方面,所以其研究内容非常多,通过对其研究内容的总结可以发现,大致包括三个方面的内容。

1. 人的能力

人的能力包括人体的基本尺寸、人的工作能力、各种器官功能的限度以及影响因素等。只有对人的能力有了比较深入的了解,才有可能在系统的设计中考虑这些因素,使人在工作中所承受的负荷在人体可以接受的范围之内。如果人的工作负荷超过了人体的限度,不仅会影响工作效率,甚至还会影响人的身心健康。

2. 人—机交互

需要注意的是,这里所说的"机"所代表的不仅仅是机器,而且还代表了人所处的物理系统,包括各种机器设备、计算机、办公室以及各种自动化设备等。人类工效学研究的最终结果就是要"使机器适合于人"。在人—交互过程中,人类工效学的重点是工作场所、显示设备和控制设备等的设计。随着电子技术的进步和计算机应用的普及,人与电子计算机交互的研究在人类工效学研究中占有越来越重要的地位。

3. 人与环境

大家都非常清楚,人所处的物理环境对人的工作和生活有着非常大的影响,所以环境对人的影响是人类工效学研究的一个重点内容。这方面研究包括照明对人的工作效率的影响、噪声对人的危害及其防治办法、音乐的作用、环境色彩对人的影响、空气质量及污染对人的影响等。

(三)人类工效学的发展方向

1. 计算机行业的人类工效学

随着计算机技术的发展以及应用的推广和普及,在工业化国家,使用计算机的工作人员数量已超过其他任何一种机器操作人员的总和。如何提高人—计算机系统的效率,已成为人类工效学中的一个最流行的内容。在美国的人类工效学年会上,往往有1/3以上的研究论文涉及这一主题。这方面的研究内容主要包括屏幕显示的设计、键盘的设计、操作系统的评价、计算机工作室的布置等。

2. 尖端技术中的人类工效学

随着科学技术的发展,人—机系统变得越来越复杂。一些复杂系统的控制,如飞机驾驶,甚至超过了人的正常工作能力,人成为系统中的一个主要制约因素。如何降低系统对人的要求或者如何提高人的能力以适应系统的要求,是人类工效学目前面临的一个严峻挑战。这方面的研究内容主要包括:飞机驾驶舱的设计、脑力负荷的测量、系统评价、控制室的设计、宇航员在太空中的生活和工作等问题。

3. 生产制造及其他领域中的人类工效学

生产领域的研究是人类工效学的一个传统研究内容,这方面的研究内容主要包括人体测量、工作环境、劳动保护与安全、产品检验、事故的调查等。人类工效学初期主要研究生产性产品的设计,而现在已经开始研究消费品的设计,例如,如何设计产品的使用说明书,使消费者能够更安全、更方便地使用产品。

除了上述所说的发展方向之外,随着人类工效学研究内容越来越丰富,其研究领域已涉及体育、法律、驾驶、消防甚至服装等行业。

二、服装工效学

实际上,这里所说的服装工效学从属于上文中提到的人类工效学,是人类工效学的一个分支。服装工效学主要研究人、服装、环境三者之间关系,是研究人在某种条件下应该穿着什么服装最合适、最安全、最能发挥人的能力的一门边缘学科。人类工效学的研究是以人为中心,服装工效学的研究也同样要以人为中心。

(一)服装工效学的研究内容

从整体上来看,服装工效学的研究内容涉及人、服装以及生活工作环境这三个大的方面,从细节来看,主要涵盖了五个方面的内容,其具体内容如下。

1. 个人用携行具

从个人携行具的角度来看,其研究的内容主要是对于个人用携行具的研究,主要起源于军人的个人装备,研究单兵装备负荷的尺寸、形态以及重量,包括作战装备、生活用品等。随着近些年可穿戴智能服装的兴起,应用于服装上的智能装备的研究也逐渐受到产品设计人员的重视。可应用于服装的智能装备的形态、重量,在服装上的装配方式,智能装备的安全性问题等也都是该领域应该研究的方向。

2. 服装的功能性与舒适性

服装的功能性与舒适性是不可同日而语的，下面分别对这两个方面来进行分析。

(1)服装的功能性。从服装的功能上来说，大体上包括遮羞、防护以及装饰三个方面。为了取暖和遮羞，人类的祖先开始利用服装遮盖身体，也就是从那时起，装饰功能也逐渐成为服装的一个重要功能。在特定的时代、特定的群体里，风俗习惯、生活方式及外界的压力都会影响人们对着装方式的选择，服装具有了一种社会化特征。今天，虽然人们穿着服装的基本原因还是为了取暖、防晒和遮羞，但是更好地装扮自己变得越来越重要。通过一个人的衣着可以看出其社会地位、经济地位、性别角色、政治倾向、民族归属、生活方式和审美情趣。

在服装工效学研究中，防护功能和装饰功能是它的重要研究内容。服装的防护功能通常是指通过服装保护身体，抵抗气候条件的变化，保护人体免受冲撞、蚊虫以及与粗糙物体接触时可能会产生的损伤。在严冬时，穿着服装可以起到抗寒作用，控制体表的散热量，维持人体的热平衡，以适应气温下降的影响。在炎热时，穿着服装可以起到防暑作用，防止环境的热量以辐射、对流、传导方式传递给人体，人体通过汗液的蒸发来维持人体的热平衡。服装的装饰功能与穿着者的风俗习惯、文化背景、社会潮流、个人爱好有很大的关系。一些特定场合更需要具有装饰功能的服装，所以服装还可以体现穿着者所属的群体。合理、适当、符合风俗、传统、流行的装饰，会使穿着者心情愉悦，这正是心理舒适的重要部分。

(2)服装的舒适性。从服装的舒适性角度来看，主要是从人的生理和心理两个方面进行描述，研究服装舒适性的分类、服装舒适性的评价方法与指标、服装舒适性的主要影响因素等，同时研究人的生理参数指标与心理因素的关系。服装在穿着中要使穿着者有舒适感，因为人体在感觉舒适的情况下，才有可能保持最佳工作效率。

3. 人体测量学

人体测量学是人类学的一个分支。主要是用测量和观察的方法来描述人类的体质特征状况。包括骨骼测量和活体(或尸体)的测量。它的主要任务是通过测量数据，运用统计学方法，对人体特征进行数量分析。通过活体测量，确定人体的各部位标准尺寸，为工业、医疗卫生、国防、体育和服装等领域提供基础性的参考数据。在服装工效学领域，人体测量学包括人体几何尺寸的测量、生理指标的测量以及心理测量三个方面。人体几何尺寸的测量为人体体型的分类、服装号型标准的制订、服装的加工提供参考数据；生理指标的测量包括人体的代谢产热量、体核温度、平均皮肤温度、出汗量、心率等，研究人体的舒适指标、耐受限度等，为科学地评价服装提供理论指导；心理测量则是通过主观感觉评价的方式，测量人体的某些方面的主观感觉等级，为后续研究提供很必要的数据支持。

4. 服装功能用特殊装备及测试仪器

从这个角度来看，此研究主要是针对服装及面料特种功能，研究特殊装备及测试仪器，为科学、合理地评价产品的性能提供保障。如用于模拟各种气候条件的人工气候室，测试服装保暖性、透湿性的暖体假人，研究人体、服装表面温度分布状况的红外成像仪，测量人体生理学指标的便携式多通道生理参数测量仪等。

5. 特种功能服装及其材料

服装工效学的研究最早是从军服、防护服开始的，至今它们仍然是服装工效学的重要研究内容之一。特种功能服装主要应用于某些特殊场合，如火灾、炼钢、炼焦、航空、防化、防毒等，为穿着者提供必要的保护。特种环境条件下，服装可能无法满足舒适的条件，但不能超出穿着者的耐受限度，使环境对穿着者工作的影响尽可能地小，甚至没有影响。近些年来，运动服装装的功能性也越来越受到人们的重视，研究者们从运动服装装的材料、款式结构等方向研究运动服装装的工效学性能。功能性运动服装装是近年来服装工效学研究的一个新的热点方向。

（二）我国服装工效学的现状

我国在服装工效学研究领域起步较晚，但也进行了大量的很有价值的研究。曹俊周教授在总后勤部军需装备研究所工作多年，之后调入中服集团，曹俊周等在服装舒适性与功能、热湿传递和防护等方面做了大量的研究工作。在20世纪70年代后期，总后勤部军需装备研究所设计研制出了中国第一代暖体假人——“78恒温暖体假人”。在此基础上，于20世纪80年代末又研制成功了“87变温暖体假人”。该假人为铜壳结构，分15个加热区段，各关节可活动，可用变温、恒温和恒热三种方式进运动、静止两种姿势的试验，控温精度、重复精度较高。总参防化研究院何开源等从人体的生理学角度研究防化服装的工效学性能，在新型防化材料及防化服装领域进行了大量的研究。

随着时间的推移，我国在服装工效学上有一些成绩，例如，20世纪90年代，北京服装学院、中国服装研究设计中心（现中国服装集团公司）与有关部门合作，承担林业部及黑龙江省防火指挥部课题——森林防火服的工效学研究，在面辅料评价、服装设计与加工、服装生理学评价、火灾现场实验等方面做了大量的研究工作。开发的炼焦防护服曾被北京焦化厂采用，获得了良好的社会和经济效益。

第二节　服装工效学中应考虑的人体生理指标

一、人体表面积

从生理学的角度来看,实际上这其中的许多参数,如新陈代谢率、肺活量、心输出量、主动脉和气管横截面积等均与人体的体表面积呈一定的比例关系。目前,测量人体表面积的方法大致可分为两种,分别是公式计算法和测量法。

(一)公式计算法

通过测量一定数量的人体表面积并利用数理统计学的方法,分析人体表面积与人的身高和体重之间的关系,得出利用身高和体重求解人体表面积的公式。比较常用的公式如下所示。

1. Stevenson 公式

1937 年 Paul H. Stevenson 在《中国生理学杂志》上撰文,称其应用修正的 Du Bios 公式,并测量 100 名中国人体表面积及身高、体重值,得出多元回归方程式的相关数据,并提出了计算人体表面积的 Stevenson 公式,并沿用至今。Stevenson 公式如下所示:

$$A_s = 0.0061H + 0.0128W - 0.1529 \tag{3-1}$$

式中:A_s ——人体表面积,m^2;

W——人的体重,kg;

H——身高,cm。

在实际测量过程中,为了使用方便,人体表面积还可以从 Stevenson 体表面积检索图直接读出,即根据受试者的身高和体重在相应两条线上的两点连成一直线,此直线与中间体表面积线的交点即为受试者的体表面积。Stevenson 体表面积检索图如图 3-2-1 所示。

2. Do Bois 公式

从其应用地域上来看,这个公式在欧美许多国家被普遍使用,但该公式不太适合亚洲人的体表面积的计算。Do Bois 公式如下所示:

$$A_s = 0.007184W^{0.425} \cdot H^{0.725} \tag{3-2}$$

式中:A_s ——人体表面积,m^2;

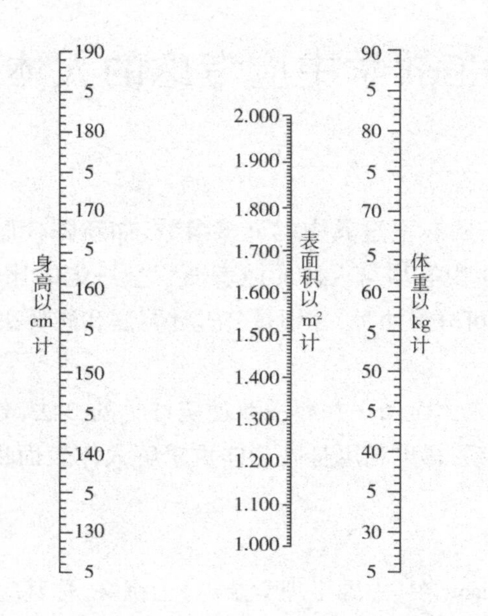

图3－2－1　Stevenson体表面积检索图

W——人的体重，kg；

H——身高，cm。

除了上述的这两种常用的公式外，还有两个不太常见的公式，但是在某些情况下也会被使用，具体如下。

3. 男性女性公式

胡咏梅、武晓洛等选用100名受试者，其中男女各50名，采用纸模法进行人体表面积研究，得出了适用于中国人的通用公式及分别适用于中国男性、女性的人体表面积计算公式，其公式如下所示：

通用公式：$A_s = 0.0061H + 0.0124W - 0.0099$　(3－3)

男性公式：$A_s = 0.0057H + 0.0121W - 0.082$　(3－4)

女性公式：$A_s = 0.0073H + 0.0127W - 0.2106$　(3－5)

4. 赵氏公式

1984年，我国学者赵松山对Stevenson公式进行修改，提出一个相对更适合中国人的体表面积公式，赵氏公式如下所示：

$$A_s = 0.00659H + 0.0126W - 0.1603 \tag{3-6}$$

(二)测量法

在实际操作中,使用测量法测量人体表面积,要求受检者仅穿着薄内衣或紧身衣裤,并以薄塑料袋套头压紧头发,使头发成为与身体表面类似的状态。下面两种方法供读者在实际中使用。

1. 石膏绷带法

从其字面意义上就可以发现,在使用这种方法的时候的一种状态,具体来说是一种在立体状态下测量人体表面积的方法,并且还能得到原形平面图。测量前,先在被测者的身体表面画基准线或基准点,然后抹橄榄油或凡士林,再在上面贴石膏绷带。预先用温水粘湿石膏绷带,然后轻轻拧一下,以人体为轴按对角线方向贴下去。贴三层以上,然后用化妆棉吸石膏绷带表面的余水,最后用吹风机吹干。没有贴石膏部分的皮肤可以用毛巾保护。

经过一段时间的等待,待石膏凝固到一定程度时,从被测者的身体表面取下,然后在通风好的地方干燥。干燥的石膏内侧贴非织造棉纤维纸,按测定线描画出内表面形状,然后展开进行测量。

2. 纸模法

相比较来说,这种方法就比较灵活,在实际操作中可通过两种方式对人体表面积进行测量,具体内容如下。

(1)将一定面积的非织造棉纤维纸事先测量面积(备用面积),而后裁成宽度1~10cm的长条,浸湿后敷于人体皮肤表面,完成之后,再将剩余的纸铺于平板上,计算其面积(剩余面积),以备用面积减剩余面积即可得到人体表面积。纸模法需要将湿纸片直接贴在皮肤表面,所以测定所需要的时间长,会使被检测者在精神上、身体上感到疲劳。

(2)将柔软的非织造棉纤维纸用水润湿后,按照人体曲面大小或形态将纸片贴在皮肤表面上,待干燥后取下来,用剪子剪成小纸片,将剪好的纸片在平面上展开并用面积仪测量。

除了上述方法之外,也有些研究人员采用胶布进行人体表面积的测量,其原理与纸模法相同。

二、心率

最简单的测量心率的方法是在颈动脉或桡动脉记数心跳的次数。测量受试者心率,也可以使用 ECG 电极,通过遥测仪或记录仪直接将 ECG 的信号传给数字记录仪,并且通过计算机可以连续描绘出受试者的心率曲线。

从某种程度上来说，心率被认为是在某一时间间隔里的心率，并且认为是几个分量的总和，其计算公式如下所示：

$$Hrt = Hrt_0 + Hrt_m + Hrt_s + Hrt_t + Hrt_n + Hrt_b \quad (3-7)$$

式中：Hrt——受试者的心率；

Hrt_0——受试者坐式安静休息时的平均心率，此时受试者的代谢率为 $58.15W/m^2$；

Hrt_m——受试者由于工作引起的心率增高量；

Hrt_s——受试者由于静态功所引起的心率增高量；

Hrt_t——受试者由于热紧张所产生的心率增高量；

Hrt_n——受试者由于情绪波动所产生的心率增高量（当受试者处于安静状态时经常看到此分量，做功时趋向消失）；

Hrt_b——与受试者呼吸节律、生理节奏的节律等有关的剩余分量。

当计算30s或更长时间里的心率时，在很大程度上，呼吸分量消失，同时生理节奏分量在此也可不计。

当工作一停止，心率就开始迅速下降。几分钟后，由于工作所引起的分量Hrt_m和Hrt_s实际上就消失了，只剩下因受热作用而引起的分量Hrt_t。于是，心率减速的趋向经一定的恢复时间后停顿了，工作期间的末尾的热分量可估算，在计算中需要用到下面的公式：

$$Hrt_t = Hrt - Hrt_0 \quad (3-8)$$

式中，Hrt_t——受试者由于热紧张所产生的心率增高量；

Hrt——受试者心率在恢复期减速趋向停顿时的心率；

Hrt_0——受试者在热的实验环境中安静休息时的心率。

公式中的Hrt的数值越大，相应地热紧张心率就会增大，与体核温度的升高有直接的关系。将体核温度升高1℃时，心率增大的数称为心脏的热反映性，其单位为bpm/℃。热反应性的个体间变化是很重要的。即使对于同样的受试者来说，由于活动类型的不同，使用不同的肌群，又由于热刺激的差异，这种热刺激无论是内因（主要是代谢）或是外因（环境条件）所引起的热反应性都在变化。

体核温度每升高1℃，由于热紧张所引起的心率增大量平均是33bpm。依照上述这个极限值，确定由热紧张引起的分量Hrt_t的极限约30次/℃是可能的。Hrt_t与体核温度之间的关系因个体不同而有很大的差异。由此便能看出，在热紧张可能很高的情况下，同时跟踪测量受试者的体核温度是十分必要的。

三、人的体温

从某种程度上来说，人的体温可以称得上是服装工效学中一项重要的生理指标。人体各部位的温度并不相同，体内产生的热量主要是通过体表散发到人所处的环境中。一般来说，人体深部的温度较高，也较稳定，各部位之间差异比较小；人体表层的温度则较低，由于体表容易受到环境温度变化的影响，体表各部位之间的差异较大。因此，可以将人体的温度分别用体核温度（core temperature）和皮肤温度（skin temperature）来表示。通常所说的体温就是指体核温度。

（一）体核温度

从生理学的角度来说，体核温度主要是指机体深部的平均温度。这主要是由于体内各器官的代谢水平不同，它们的温度略有差别。人在安静状态下，肝脏的代谢活动最强，产热量最大，温度最高，约38℃；脑产热量也较大，温度接近38℃；肾脏、胰腺和十二指肠等的温度略低；直肠内的温度则更低。但由于血液沿周身不断循环，使体内各器官的温度经常趋于一致。因此，机体深部的血液温度可代表机体深部重要器官的平均温度，即体核温度。

正常情况下测量人体体温，在直肠内测量时为36.9～37.9℃；口腔温度（舌下部）的平均值比直肠温度低0.2～0.3℃；腋窝温度比口腔温度低0.3～0.4℃。人体体温平均值为36.8℃。由此便能看出，人体的温度多少也是有些变化的，但这个变化是很有规律的。

从严格意义上来说，测量体核温度应该测定机体深部血液的温度。但实际上血液温度不易测试。因此，可以通过测定下述身体七个不同部位的温度来近似地表示体核温度。

1. 腋窝温度

一般情况下，对腋窝温度的测量也是测量人体体核温度的方法。但由于服装工效学实验过程中，受试者通常不是静止的，所以不容易测量腋窝温度。如果受试者处于安静状态下进行实验，也可以通过测量腋窝温度的方式测定受试者的体核温度。

2. 口腔温度

对于口腔的温度来说，一般都以舌下部为准，具体来说是将测量传感器放在舌下，与舌动脉的深部动脉分支紧密接触。它能比较准确地测量影响温度调节中枢的血液的温度。口腔温度的上升与锁骨下动脉温度的升高相平行。尽管如此，口腔温度易受一些因素的影响，例如，当口腔张开时，由于对流和口腔黏膜表面的蒸发，使口腔温度下降；甚至当口腔紧闭时，随着面部皮肤温度的下降，口腔温度也会下降；当面部受到强辐射热的照射时，口腔温度则上升。另外，刚喝过冷或热的水、吸烟以及用口呼吸等均会影响口腔温度。

当受试者休息时，环境温度大于40℃状态下，口腔温度可超过食道温度0.25～0.40℃。当受试者工作时，其负荷强度不超过该受试者最大需氧功率35%的条件下，口腔温度与食道温度才是一致的。

3. 听道温度

在实际中听道的温度进行测量时，需要将测温传感器放在接近鼓膜的听道壁上，该区域的血液是由外颈动脉供应的，其温度受心脏动脉血液温度和耳周围以及接近头部的皮肤血液温度的影响。在听道温度和听道外口温度之间存在着温度梯度，若将耳和外界环境做适当地隔断的话，则可减小这种梯度。

听道温度与鼓膜温度一样，其变化和腹腔内温度变化是平等的。但是，在热环境中与腹内温度的正偏差或者在冷气候中与腹腔内温度的负偏差，相对于鼓膜温度要更大些。因此，听道温度可以被较好地认为是体核温度和皮肤温度两者相结合的指标，而不仅是体核温度的指标。

4. 食道温度

具体的测量方法是将测温传感器插至食道的中下部，在5～7cm的长度上。在这个位置上测得的温度与右心房的温度基本相同，其值比直肠温度约低0.3℃。通常情况下来说，食道温度能准确地反映离开心脏的血液温度，并能完全准确地反映出灌注下丘脑体温调节中枢的血液温度，即食道温度变化的过程与体温调节反应的时间过程相当一致，所以在实验研究中常以食道温度作为体核温度的一个指标。

需要注意的是，在实际操作中，如果把传感器放置在食道的上部，则其温度受呼吸影响；若放置的位置太低，则记录的是胃内温度。咽下的唾液温度也影响传感器的温度。因此，食道温度不能采用已记录温度的平均值，而要用峰值来表示。尤其在寒冷环境中尤其如此，因为唾液是相当冷的。

5. 鼓膜温度

具体来说，在实际测量鼓膜的温度时需要将测温传感器尽可能地放置在接近鼓膜的位置上。大家都知道，鼓膜的动脉部分是颈内动脉的一个分支，颈内动脉也灌注下丘脑。同时，又由于耳鼓的热惯量很低，加之质量小，并且血管分布密，故鼓膜变化与下丘脑温度变化成比例。因此，实验中常以鼓膜温度作为脑组织温度的指标。当身体核心热容量迅速变化时，鼓膜温度的变化类似于食道温度的变化。无论这种热容量的变化是因为代谢引起的，还是因为环境引起的。外颈动脉也供应鼓膜,故鼓膜温度与直肠温度之间的差别,是由于耳周围和头部的皮肤表面的局部热交换的变化所引起的。

6. 腹腔内温度

具体来说,在实际测量中需要受试者吞下测温传感器,在传感器通过人体内部管道期间所记录的温度将迅速变化,这取决于它所到达的部位,是接近大动脉壁或者接近局部代谢高的器官或者接近腹壁。当传感器位于胃部或十二指肠时,温度的变化与食道温度的变化相似,并且这两个温度之间的差别是很小的;当传感器在肠道内部通过时,温度变化的特征更加接近于直肠温度的变化。若无强辐射热照射腹部,则腹腔内温度似乎与环境气候条件无关。

7. 直肠温度

具体来说,在测量直肠温度的时候需要将测温传感器插入人体直肠6cm以上,被大量的腹部具有低导热性能的组织所包围,因此直肠温度与环境条件无关,所测得的温度比较接近深部的血液温度。本质上讲,直肠温度是平均体核温度的指标。人在安静休息时,直肠温度最高。当进行全身活动并且热蓄积缓慢时,直肠温度才被认为是深部血液温度,也就是体温调节中枢温度的指标。当热蓄积很低时,并且基本上是用腿进行工作的,那么直肠温度稍高于体温调节中枢的温度。在短时间强烈的热紧张期间,热蓄积迅速增高的情况下,直肠温度上升的速度比温度调节中枢温度上升的速度要慢些。在热辐射停止后,直肠温度还继续升高,最后逐步下降。温度上升的速度和延迟的时间取决于辐射和恢复的条件。这说明直肠温度不能很好地反映血液温度的快速变化,但是它能反映人体体温升高时血液温度缓慢的变化。

8. 尿的温度

膀胱及其内容物可被认为是身体核心的重要部分,因此,测定刚排出的尿的温度能够提供有关体核温度的信息。将温度传感器放在一个收集尿的装置中,进行这种测量。依据定义,这种测量的可能性取决于膀胱中的尿量。尿的温度变化与直肠温度的变化相似,但尿温度比直肠温度低0.2~0.5℃。

在上述人体体核温度的测量方式中,一般是以直肠温度代表体核温度。因为直肠温度受外界环境条件影响小,准确度高,安全系数大,操作较为方便。如果在口腔、腋窝等处测量体温,就必须加以校正。需要用到的校正公式如下所示。

$$\text{口腔温度} + 0.3 = \text{体核温度} \tag{3-9}$$

$$\text{腋窝温度} + 0.7 = \text{体核温度} \tag{3-10}$$

$$\text{鼓膜温度} = \text{体核温度} \tag{3-11}$$

(二)体温的生理性波动

大家都知道,人体的体温整体上处于恒温的状态,但是通常所说的恒温也是相对而言的。在正常情况下,体温可受年龄、昼夜、骨骼肌和精神活动、性别、环境温度等其他因素的影响而发生生理性波动。下面就从这些影响因素出发,来对体温的生理性波动来进行分析,其具体内容如下。

1. 年龄差异

相比较来说,年龄差异更为明显,通常,新生儿的体温调节中枢尚未发育成熟,其体温易受环境温度的影响。出生6个月后,体温调节功能趋于稳定,2岁后体温出现明显的昼夜节律性波动。儿童和青少年的体温较高,随着年龄的增长,体温有所降低,老年人的体温最低。因此,婴幼儿和老年人应注意服装的保暖性。

2. 昼夜周期性

一般来说,人体的体温在一天之中呈现明显的周期性波动,称为日节律(circadian rhythm)。通常,人在清晨2~6时,其体温最低,午后13~18时最高。人体体温在一天中的波动幅度一般不超过1℃,在早晨6时至下午18时的12个小时中,体温的正常波动为0.5~0.6℃。新生儿的体温调节功能不完善,其体温没有昼夜周期性波动。体温昼夜节律是机体的一种内在节律。

3. 骨骼肌与精神活动差异

骨骼肌活动增强,如运动,人体的产热量增加,体温升高。在激烈的肌肉运动时,体温可上升1℃左右,甚至更高。情绪激动、精神紧张时,骨骼肌张力升高;同时,甲状腺、肾上腺髓质等分泌激素增加,机体代谢活动增强,均可引起产热量增加,体温升高。

4. 性别差异

一般情况下来说,成年女性的体温平均比男性的高约0.3℃,这可能与女性皮下脂肪较多、散热较少有关。女性的体温还随生理周期而呈现节律性波动,体温在月经期最低,随后温度升高,排卵日又降低,排卵后体温升高0.2~0.5℃,直到下一月经期开始。

5. 其他因素

除了上述所说的这四点影响因素之外,人体在环境温度较高的夏季,其体温要比人体在环境温度较低的冬季时高。在相同季节,生活在南方时体温比生活在北方高。进食影响能量代谢,增加产热量,也可能影响体温。

正是由于人体的体温可受昼夜、性别、年龄、骨骼肌和精神、环境温度等多种因素的影响。在进行服装工效学实验时,要根据所评价服装的用途与功能,合理选择实验条件、性别比例以及实验时间，确保实验数据的可信。

（三）皮肤温度

习惯上，人们将人体最表层也就是皮肤的温度称之为皮肤温度。由于人体各部位存在肌肉强度、皮肤脂肪厚度、血流供应和表面的几何形状等的差别，所以机体各部位的皮肤温度相差很大。例如，在23℃的环境中测定时，额部的皮肤温度为33～34℃，躯干为32℃，手部为30℃，足部为27℃。

从某种程度上来说，皮肤温度是服装工效学的重要指标之一。它一方面能够反映人体热紧张程度；另一方面可以判断人体通过服装与环境之间热交换的关系。换句话说，从服装生理卫生学角度考虑，皮肤温度既反映出体内到体表之间的热流量，也可反映出在服装遮盖下的皮肤表面的散热量或得热量之间的动态平衡状态。

在炎热的环境中，人的皮肤血管扩张，血流量增大，皮肤温度因而上升，并且各局部皮肤温度趋向均匀一致。

在普通室温环境中处于安静状态或者在气温较低的环境中进行轻度活动的人，额部和躯干部位的皮肤温度为31.5～34.5℃。当着衣部位与裸露部位的皮肤温度相差小于2℃时，明显感觉热；当相差3～5℃时，感觉舒适。胸部和脚的皮肤温度相差超过10℃时，就感觉冷；而胸部和脚的温度相差小于5℃时，则会感觉热。

在寒冷环境中，如果手和脚的皮肤温度不断下降，躯干部的皮肤温度也缓慢下降，则说明服装不够保暖。当躯干部的皮肤温度同脚或手的皮肤温度相差超过17℃时，就会产生手、脚疼痛或全身发抖的反应。人体任何一处的皮肤温度下降到2℃是寒冷耐受的临界值，达到此点时剧痛难忍。日常生活中，通常在手指、脚后跟或脚趾处容易达到临界值。

在生理学和卫生学中，用得最多的是平均皮肤温度（mean skin temperature）。当环境温度在35℃以下时，平均皮肤温度与温度感觉密切相关。平均皮肤温度31.5～34.5℃属于舒适范围，33～34℃时最舒适。大约30%的人，舒适温度的上限为35℃，超过35℃后，90%的人会感觉热；平均皮肤温度31.5℃是舒适的下限。在安静状态下皮肤温度与主观热感觉的关系如表3－2－1所示。

表3－2－1 安静状态下皮肤温度与主观热感觉的关系

皮肤温度	主管感觉
任何一处达到45℃ ±2℃	剧烈疼痛
平均皮肤温度35℃以上	热
31.5～34.5℃	舒适

续表

皮肤温度				主管感觉
30~31℃				凉
28~29℃				寒战性冷
低于27℃				极冷
手的温度	20℃	脚的温度	23℃	冷
	15℃		18℃	极冷
	10℃		13℃	疼痛
	2℃		2℃	剧烈疼痛

在日常生活中，测量皮肤温度的方式可以分为非接触式和接触式两种。

1. **非接触式**

使用红外辐射传感器，在一定距离之外可以测量裸体受试者身体上某点的皮肤温度。用这种方法测得的数据是红外辐射传感器所覆盖的皮肤面积的平均温度。如图3-2-2中所示为Raytek非接触式红外测温仪。需要特别注意的是该仪器测量范围，一般这种类型的仪器的测量温度在0~50℃，测量精度为0.1℃。

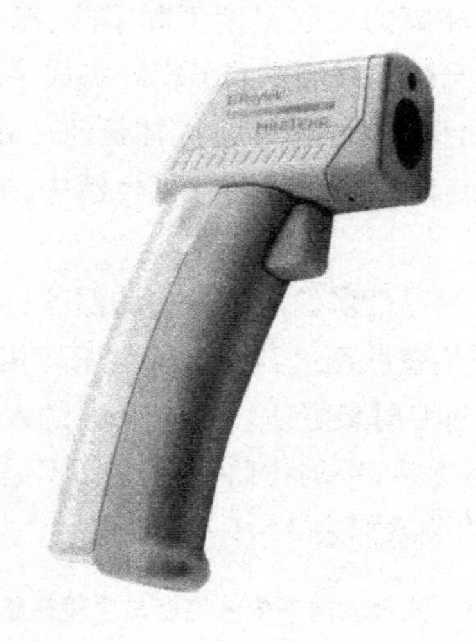

图3-2-2　非接触式红外测温仪

2. **接触式**

将测温传感器固定在皮肤表面，测定该皮肤表面的温度。如图3-2-3中所示为BXC便携式多通道生理参数测试仪，该仪器提供14个温度测量传感器和1个心率测量传感器，可以同时按所设定的时间间隔（30s 或 60s）测量受试者 14 个部位的温度和心率。此外，便携式多通道生理参数测试仪可以在现场完全脱离计算机进行测量，连续记录并储存 4h 以上的数据。实验结束后再回到实验室进行数据处理，十分方便。

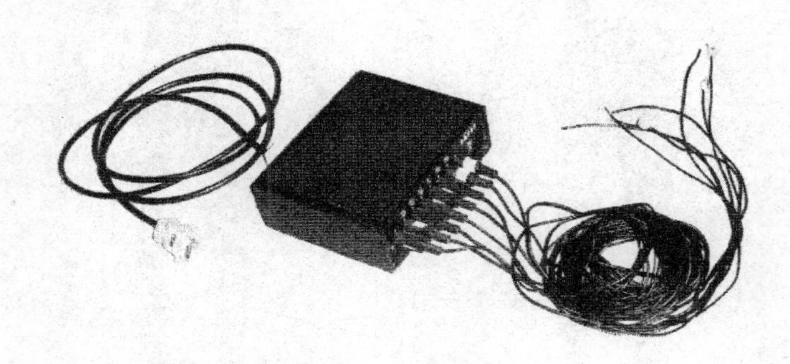

图 3－2－3　生理参数测试仪

3. *测量平均皮肤温度的方法*

由于人体皮肤的温度分布很不均匀，所以通常使用平均皮肤温度作为人体皮肤温度的表征指标。根据测量目的不同，目前使用的测量平均皮肤温度的方法主要有三类，并且各自依据的原理也不相同，具体内容如下。

（1）第一类公式。Tcichner（1958 年）和 Ramanathan（1964 年）提出的，该方法只测量几个点的皮肤温度，各点的加权系数是通过对局部皮肤温度和计算出的“最佳”平均皮肤温度进行线性回归处理获得的。

（2）第二类公式。Nadel 等（1973 年）和 Crawshaw 等（1975 年）根据不同皮肤区域具有不同的热敏感性和自发的热反应提出“生理学公式”，其加权系统是根据特定的皮肤区域对温度中枢的相对影响而不是根据它们在热交换中的重要性来确定的。

（3）第三类公式。也就是人们习惯说的“面积加权公式”，这是 Winslow 等（1936 年）、Hardy 和 DuBois（1938 年）、Mitchell 和 Wundham（1969 年）等根据 DuBois 的人体表面积的测量提出的，这也是生理学和卫生学上用得最多的计算加权平均皮肤温度（weighted mean skin temperature）的方法。

一般来说，根据不同的测量目的、精确要求、工作环境、人体各部位的皮肤感觉器官对冷热感觉的敏感性的不同，可以选择不同方法测量平均皮肤温度。在服装工效学研究中，主要以面积加权方式计算平均皮肤温度。比较常用的是 ISO（International Organization for Standardization）平均皮肤温度的测量方法。该方法首先将人体表面分成 14 个面积相等的代表区，如图 3－2－4 所示。

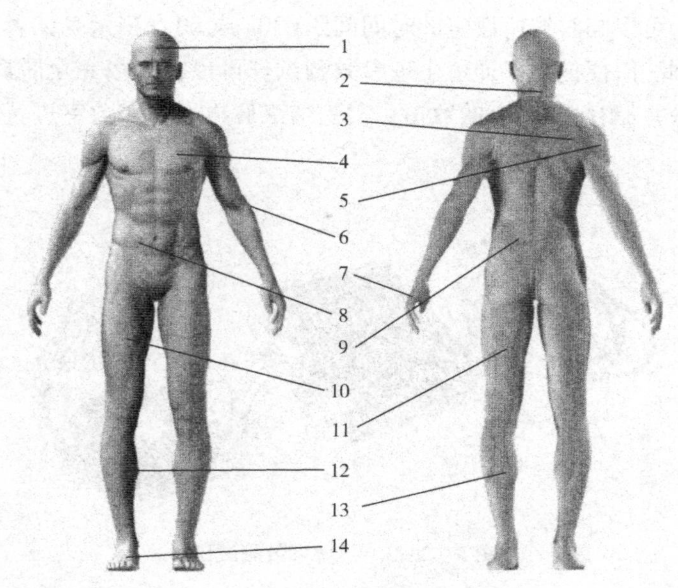

图 3-2-4　人体表面 14 个代表区

在此基础上，提出了 3 个计算公式，其测量部位和加权系数见表 3-2-2。

表 3-2-2　测量部位和加权系数

序号	测量部位	4 个点	8 个点	14 个点
1	前额	—	0.07	1/14
2	颈部的背面	0.28	—	
3	右肩胛	0.28	0.175	
4	左上胸部	—	0.175	
5	右臂上部	—	0.07	
6	左臂上部	—	0.07	
7	左手	0.16	0.05	
8	右腹部	—	—	
9	左侧腰部	—	—	
10	右大腿前中部	—	0.19	
11	左大腿后中部	—	—	
12	右小腿前中部	0.28	—	
13	左小腿后中部	—	0.2	
14	右脚面	—	—	

从表3-2-2所出示的数据中就能看出，测量人体平均皮肤温度 t_s 的公式如下。

①四点法平均皮肤温度。计算公式如下所示：

$$t_s = 0.28t_2 + 0.28t_3 + 0.16t_7 + 0.28t_{12} \tag{3-12}$$

式中：t_2、t_3、t_7、t_{12}——测量部位2、3、7、12处的皮肤温度，℃。

②八点法平均皮肤温度。计算公式如下所示：

$$t_s = 0.07t_1 + 0.0175t_3 + 0.0175t_4 + 0.07t_5 + 0.07t_6 + 0.005t_7 + 0.19t_{10} + 0.2t_{13} \tag{3-13}$$

式中：t_1、t_3、t_4、t_5、t_6、t_7、t_{10}、t_{13}——测量部位1、3、4、5、6、7、10、13处的皮肤温度，℃。

③十四点法平均皮肤温度。计算公式如下所示：

$$t_s = \frac{1}{14}(t_1 + t_2 + t_3 + t_4 + t_5 + t_6 + t_7 + t_8 + t_9 + t_{10} + t_{11} + t_{12} + t_{13} + t_{14}) \tag{3-14}$$

式中：$t_1 \sim t_{14}$——测量的部位是1~14处的皮肤温度，℃。

④测量点数选取原则。按照一般原则，测量的点数越多，越能够代表全身皮肤温度的分布与变化情况。但是，测量点数越多，特别是在运动状态下，会有许多实际困难；而测量点数太少，在某些环境条件下会不够准确。所以，针对测量平均皮肤温度的选点数目和方法，许多学者做了大量的研究工作。目前大致可以归纳为三个选取测量点数的原则，具体内容如下。

a. 活动状态。按照人体的活动状态确定测量部位，无论春夏秋冬四季气候条件如何变化，外周体温调节主要发生在四肢，皮肤温度变化显著，躯干部受到服装和其他灵敏的体温调节作用的影响，皮肤温度变化较小，所以，在安静状态时，四肢的加权系数不应小于50%。如果以腿部运动为主，且活动量较大，则下肢的加权系数还要适当增加。在进行重体力活动时，测量皮肤温度的传感器应安置在具有强大肌肉群的身体部位。

b. 目的。根据研究者需要达到的预期目的，选择适合的测量部位和点数。

c. 气温。在不同的气温下，选点数不同。例如，在比较炎热的气候环境中，全身皮肤血管扩张，皮肤温度比较均匀，测量的点数可以少些，2~4个点就可以；在中等气温条件下，测量4~8个点；在低温寒冷环境中，全身各点皮肤温度相差悬殊，测量的点应多些，可以选择8~14个点。

（四）体温的调节

从体温调节的角度来说，实际上人的体温与人们在生活中所见到的鸟类以及所有的哺乳动物都是一样的，其机体的温度一般处在恒温状态。这也就是说，虽然一年四季的气候变化很明显，但在一定范围内不论环境温度如何变化，人仍然能维持体温的相对稳定。保持一定的体温以及体温的相对稳定是人体进行新陈代谢和正常生命活动的必要条件。

1. *体温调节的途径*

通常情况下，使人体体温不受外界环境冷热变化的影响主要通过两个途径。

（1）自主性体温调节。其英文描述为 Autonomic Thermoregulation，通俗来讲就是，当环境温度发生改变时，依靠人体自身的体温调节中枢的活动，对产热和散热过程进行的调节。

（2）行为性体温调节。其英文描述为 Behavioral Thermoregulation，通俗来讲就是，人体有意识地通过改变行为活动而调节产热和（或）散热的方式进行的凋节，如根据环境温度增减服装、人工改善气候条件等。

2. *体温调节的原理*

对于人类来说，无论自主性体温调节，还是行为性体温调节，均是依靠调节人体向环境的散热速度或散热量来维持体温的恒定。而通过服装所进行的行为性体温调节则是服装工效学的一个重要研究内容。

虽然，人体的温度处于一个恒温的状态中，但是，需要特别注意的是，人体各部分的温度并不相同。皮肤温度受环境温度和着装情况的影响，温度波动的幅度比较大，而且身体各部位之间的差异也比较大；体核部分（包括心脏、肺、腹腔器官和脑）的温度相对比较稳定，各部分之间的差异也较小。体核温度高于皮肤温度，由表及里存在着温度梯度。下面用具体的图示来对这种局部温度的不同进行分析，如图 3－2－5 中所示有两幅图，其中图 3－2－5（a）所示为人体处在 20℃，稍微低一些的环境中，而图 3－2－5（b）所示为人体处在 35℃，温度稍微较高的环境中。在寒冷的环境中，人体深部温度的范围缩小，主要集中在颅内、胸腔和腹腔内的器官，而表层温度的范围相应扩大；相反，在炎热的环境中，深部温度的范围扩展到四肢，而表层温度的范围相应缩小。

人体在外界环境温度发生变化时，能维持体温相对稳定。这是由于机体存在着体温的自主调节机制。体温调节实质上是产热和散热及人体内外热交换的调节过程。这一复杂、灵敏和精确的调节过程，是通过温度感受器、体温调节中枢和效应器来实现的。

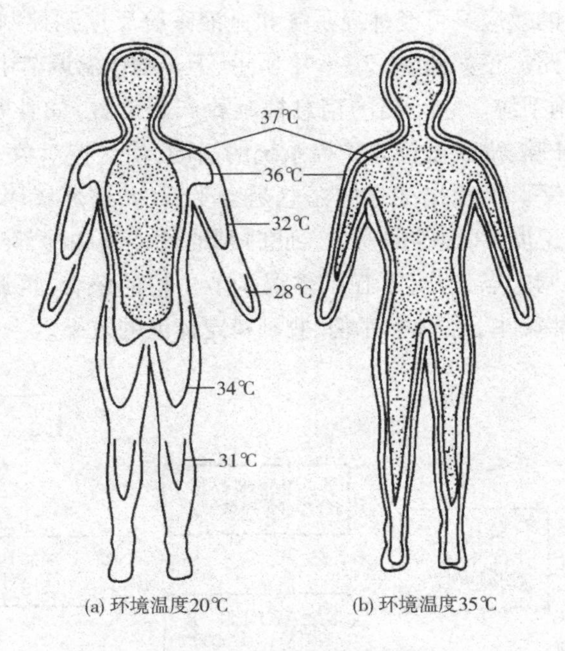

图 3－2－5　人体体温调节

(1)温度感受器。从图 3－2－5 中可以清晰地看出,人体处在不同的环境中时,局部的体温是不相同的,实际上这是由人体的温度感受器所决定的。一般来说,人体的温度感受器分为冷觉感受器和温觉感受器两种,它们分布于体表以及深部组织(包括内脏器官和脑内),感觉机体各部位的温度变化。人体皮肤冷敏感点比温敏感点多 4～10 倍,而且不同部位的皮肤,冷敏感点的数目也不相等,位于脸和手的冷敏感点数目远比脑和胸部多。

(2)体温调节中枢。从人体的体温调控方面来说,实际上人体内最重要的体温调节中枢在下丘脑。下丘脑前部是散热中枢;下丘脑后部是产热中枢。来自皮肤和其他组织器官的冷、热感觉器产生的神经冲动,分别到达下丘脑的产热和散热调节中枢。散热中枢兴奋时,皮肤血管扩张出汗,以增加散热;产热中枢兴奋时,皮肤血管收缩以减少散热,骨骼肌收缩产生寒战,以增加产热。

(3)效应器。体温调节效应器的主要作用是减少身体内部重要器官的温度变化,即维持体内环境温度稳定,保证体温调节中枢正常。效应器反应包括心管系统、汗腺、呼吸系统和代谢产热四个方面。

通过温度感受器感受体表和深部组织的温度变化,并且相应的神经将此信息传至位于下丘脑的体温调节中枢,后者再激活不同的效应器,以控制产热和散热两个过程。由此所产生的效应又可经神经系统和血液系统反馈到控制中枢，形成一个密闭的自动控制的环路。正如图3-2-6中所示，下丘脑体温调节中枢，包括调定点神经元在内，属于控制系统。它传出的信息控制着产热装置，如骨骼肌、肝，同样也控制着散热装置，如汗腺、皮肤血管等受控系统的活动，使受控对象——机体深部温度维持一个稳定的水平。而输出变量体温总是会受到内、外环境因素的干扰，如机体的运动、环境温度、湿度、风速等的变化。此时则通过体表和深部组织的温度感受器将干扰信息反馈于调定点，经过下丘脑体温调节中枢的整合，再调整受控系统的活动，仍可建立起当时条件下的体热平衡，收到稳定体温的效果。

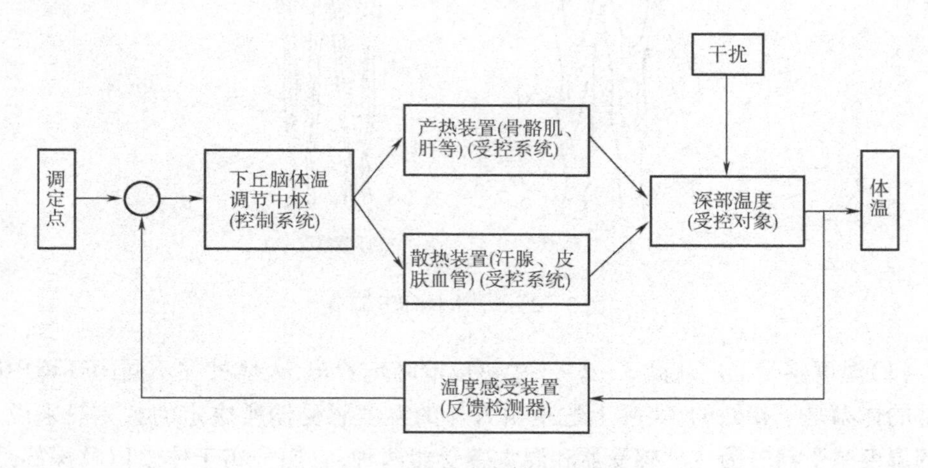

图3-2-6　自动调节示意

需要特别注意的是，冷热两种感受器的刺激阈值是不同的。冷感受器的刺激阈值是以每秒0.004℃的温度降低；热感受器能感觉每秒0.001℃的温度升高。产生冷、热温度感觉所需的平均最低有效热能是0.00063J/(cm^2·s)。皮肤温度低于13℃和高于45℃时，冷、热感觉被疼痛感觉所取代，因为皮肤内的温度信息传递神经和痛觉传递神经是相同的。当冷、热刺激超过一定强度时就引起痛觉反应，产生痛觉的最低有效热能是0.913J/(cm^2·s)，温度感觉的热能阈值只有痛觉热能阈值的大约1/1450，可见温度感受器的灵敏度是非常高的。

（五）平均体温

当考虑人体热平衡状态时，需采用人体的平均体温（mean body temperature）。平均体温与机体深部温度和平均皮肤温度有关，可以根据机体深部温度和平均皮肤温度以及机体深部组织和表层组织在整个机体中所占的比例进行测算，其计算公式如下：

$$t_b = a \cdot t_c + (1-a) \cdot t_s \tag{3-15}$$

式中：t_b——平均体温，℃；

a——机体深部组织在机体全部组织中所占比例；

$(1-a)$——机体表层组织在机体全部组织中所占比例；

t_c——体核温度，℃；

t_s——平均皮肤温度，℃。

除了上述所说的之外，平均体温还可以依据环境气候条件而定。在通常的气候条件下，人体外周血管调节反应较小时，平均体温采用下列公式计算：

$$t_b = 0.67t_c + 0.33t_s \tag{3-16}$$

当人体处在高温炎热的环境中，外周血管全部扩张，皮肤温度很高时，平均体温采用下列公式计算：

$$t_b = 0.8t_c + 0.2t_s \tag{3-17}$$

四、体重丧失量

一般来说，人在工作期间的体重丧失量，主要有三个方面的原因，其具体内容如下。

（1）皮肤表面蒸发和流失掉的汗液量。

（2）通过呼吸道蒸发掉的水分。

（3）呼出 CO_2 和吸入 O_2 之间的差。

相比较来说，在温暖的条件下，（2）、（3）两项可被忽略不计，可利用此期间的体重丧失量去估算因蒸发而丧失的热量以及在此期间的热紧张程度。但是只有当汗完全在皮肤表面被蒸发掉时，这种方法才是正确的。在很热的条件下，情况会有所不同。体重丧失量包括两个主要部分：一是蒸发掉的汗液量；二是从皮肤表面流失掉的汗液量。

皮肤的蒸发大致可分为两种形式，分别是不显汗蒸发和发汗。不显汗蒸发是指体内水分直接透出皮肤和黏膜（主要是呼吸道黏膜）表面，并在未形成明显的水滴之前就蒸发掉的一种散热方式，所以又称为不感蒸发。身体所有的体表都以相同的速度持续地进行不显汗蒸发，而且不受环境条件的影响。

发汗是通过汗腺主动分泌汗液的过程。汗液蒸发可有效地带走热量，因为发汗是可以感觉到的，所以又叫可感蒸发或显汗蒸发。

（一）出汗量

一般来说，人体出汗的定量分析方法主要有两种：全身总出汗量的测定主要是采用称重法；局部出汗量可以采用过滤纸浸湿法。

在裸体情况下，环境温度和湿度适宜时，汗液可以全部蒸发，出汗量等于蒸发量。在着装条件下，出汗量与蒸发量是不相等的，要依具体情况决定。当出汗不多、环境温度和风速适宜、服装的透湿性能良好时，蒸发率可以接近100%，可认为出汗量等于蒸发量；如果出汗较多，受环境或服装某种因素的影响，蒸发速度慢，服装上有汗水浸湿的情况，则出汗量不等于蒸发量。在这种情况下，不仅要称裸体重量的变化，还需要称服装重量的变化。其计算过程中需要使用到的公式如下所示：

$$\text{出汗量} = \text{开始裸体重量} - \text{最后裸体重量}$$

$$\text{汗蒸发量} = (\text{开始裸体重量} - \text{最后裸体重量}) - (\text{最后服装重量} - \text{开始服装重量})$$

$$\text{汗蒸发率} = \text{汗蒸发量} / \text{出汗量} \quad (3-18)$$

（二）不显汗蒸发的测量方法

一般情况下来说，不显汗蒸发的测量方法有三种，下面我们分别对这三种方法进行分析。

1. 测湿量法

在某些特殊环境中，穿着特殊保护服装（高空密闭飞行服和航天服等）时，服装内必须进行人工强迫对流通风，测量通风出口和入口空气的含湿量变化，可以计算出不显汗蒸发量。在计算过程中所用到的计算公式如下所示：

$$\text{不显汗蒸发量} = Q_v(W_{ex} - W_{in}) \quad (3-19)$$

式中：Q_v ——通风量，kg/h；

W_{ex} ——出口通风空气湿度，g/kg 干空气；

W_{in} ——进口通风空气湿度，g/kg 干空气。

2. 水平衡法

与其他两种方法相比较来说，这种方法可以消除氮负平衡的影响，适合长时间实验观察。但是这种方法比较复杂，除了需要称量体重、记录尿量和大便量以外，还要测量尿液比重及进行血液生化分析，计算方法有两种，具体如下。

（1）方法一。需要用到的公式如下所示：

不显汗蒸发量 =（开始体内含水量 + 饮水量 + 食物水量 + 食物氧化产生的

水量）-（最后体内含水量 + 尿量 + 大便含水量）　　(3-20)

(2)方法二。需要用到的公式如下所示：

不显汗蒸发量 =（饮水量 + 食物水量 + 食物氧化产生的水量 + 食物中含水量）-（尿量 + 大便含水量）　　(3-21)

3. 称重法

这种方法是用精确度较高的人体天平或电子秤，测量一定时间内体重的变化。在实际计算过程中可根据实际情况来选择所用的方法。

(1)时间短，无须喝水进食时。此种状态下，在计算过程中所需要用到的公式如下所示：

不显汗蒸发量 = 开始裸体体重 - 最后裸体体重　　(3-22)

(2)进行较长，中途喝水、进食、排便时。此种状态下，在计算过程中所需要用到的公式如下所示：

不显汗蒸发量 =（开始裸体体重 + 食物量 + 饮水量 + 吸 O_2 量）-（最后裸体体重 + 尿量 + 大便量 + CO_2 排出量）　　(3-23)

五、能量代谢

在能量代谢这部分内容中，主要针对影响人体新陈代谢的因素与能量代谢的原理与方法来进行分析，其具体内容如下。

大家都非常清楚，体温的相对恒定对于维持机体生命活动的正常进行具有非常重要的意义，当机体产热较多或散热较少时，机体热含量增加，体温就会升高；相反，当机体产热较少或散热较多时，机体热含量减少，体温就会降低。人只有在热平衡的条件下，才有可能感觉舒适，才有可能有效地工作。研究热平衡，首先就要研究人的热产过程，了解人体的能量代谢。

（一）新陈代谢的影响因素

从整体上来说，影响人体新陈代谢率的因素主要包括环境温度、精神活动、肌肉活动、食物的特殊动力作用等。下面将分别对这些影响因素进行分析。

1. 环境温度

人（裸体或只穿着轻薄服装）安静状态时的能量代谢以在 20～30℃ 的环境中最为稳定。实验证明，当环境温度低于 20℃ 时，代谢率开始有所增加，在 10% 以下，代谢率会显著增加。环境温度低时代谢率增加，主要是由于寒冷刺激反射地引起寒战以及肌肉紧张所致。在20~30℃时代谢稳定，主要是肌肉松弛的结果。当环境温度为30~45℃时，代谢率又会逐渐增加。这可能是因为体内化学过程的反应速率有所增加的缘故，还有发汗功能旺盛及呼吸、循环功能增强等因素的作用。

2. *精神活动*

人体的重量会随着年龄的变化而产生变化，抛开其他的不说，脑的重量只占人体体重的2.5%，但是在安静状态下，却有15%左右的循环血量进入脑循环系统，说明脑组织的代谢水平很高。据测定，在安静状态下，100g脑组织的耗氧量为3.5mL/min（氧化的葡萄糖量为4.5mg/min），所得出的这个数值接近安静肌肉组织耗氧量的20倍。脑组织的代谢率虽然如此之高，但据测定，在睡眠中和在活跃的精神活动情况下，脑中葡萄糖的代谢率却几乎没有差异。可见，在精神活动中，中枢神经系统本身的代谢率即使有些增强，其程度也是不明显的。

正常情况下来说，人在安静地思考问题时，能量代谢受到的影响并不大，产热量的增加一般不超过4%。但在精神处于紧张状态，如烦恼、恐惧或强烈情绪激动时，由于随之出现的无意识的肌肉紧张以及刺激代谢的激素释放增多等原因，产热量可以显著增加。因此，在测定基础代谢率时，受试者必须摒除精神紧张的影响。

3. *肌肉活动*

人体骨骼肌的收缩与舒张是主要的耗能过程，对能量代谢的影响非常显著。机体任何轻微的活动都可提高代谢率。人在运动或劳动时耗能量显著增加，因为肌肉活动需要补给能量，而能量则来自大量营养物质的氧化，导致机体耗氧量的增加。

通过相关调查研究，得到机体耗氧量的增加与肌肉活动的强度呈正比关系，肌肉活动时耗氧量最多可达安静时的10~20倍。因此可以用单位时间内机体的产热量，即新陈代谢率，作为评价肌肉活动强度的指标。从表3-2-3中就可以清晰地看出不同活动形式时的新陈代谢率。

表3-2-3 不同活动形式时新陈代谢率

活动形式	新陈代谢率		
	kcal/(m^2·h)	kJ/(m^2·h)	W/m^2
消化后，睡眠	36	150.7	41.9
消化后安静躺着	40	167.5	46.5
消化后安静坐着	50	209.4	58.2
站立	60	251.2	69.8

续表

活动形式	新陈代谢率		
	kcal/(m^2 · h)	kJ/(m^2 · h)	W/m^2
散步(1.5m/h)	90	376.8	104.7
平地步行(3m/h)	100	418.7	116.3
平地跑步(10m/h)	500	2093.5	581.5
用全速奔跑(仅能持续几秒)	2000	8374	2326.1
轻型工作	60~100	251.2~418.7	69.8~116.3
中等工作	100~180	418.7~753.7	116.3~209.4
重体力劳动	180~280	753.7~1172.4	209.4~325.7
强体力劳动	>380	>1591.1	>442.0

4. *食物的特殊动力作用*

当人处在安静状态下,摄入食物后,人体释放的热量比摄入的食物本身氧化后所产生的热量要多。例如,摄入能产100kJ热量的蛋白质后,人体实际产热量为130kJ,额外多产生了30kJ热量,表明进食蛋白质后,机体产热量超过了蛋白质氧化后产热量的30%。食物能使机体产生“额外”热量的现象称为食物的特殊动力作用。糖类或脂肪的食物特殊动力作用为其产热量的4%~6%,即当进食能够产生100kJ热量的糖类或脂肪后,机体产热量为104~106kJ。而混合食物可使产热量增加10%左右。这种额外增加的热量不能被用来对外做功,只能用于维持人体的基本体温。因此,为了补充体内额外的热量消耗,机体必须多进食一些食物补充这份多消耗的能量。

食物特殊动力作用的机制尚未完全了解。这种现象在进食后1h左右开始,并延续7~8h。据研究人员推测,食后的“额外”热量可能来源于肝处理蛋白质分解产物时“额外”消耗的能量。因此,有人认为肝在接脱氨基反应中消耗了能量可能是“额外”热量产生的原因。

(二)能量代谢的原理

虽然,人们可能会觉得能量代谢的过程很复杂,但是相对而言,其原理还是非常简单的。机体所需的能量来源于食物中的糖、脂肪和蛋白质。这些能源物质分子结构中的碳氢键蕴藏着化学能,在氧化过程中碳氢键断裂,生成CO_2和H_2O,同时释放出蕴藏的能量。这些能量的50%以上迅速转化为热能,用于维持体温,并向体外散失。其余不足50%的能量则以高能磷酸键的形式储存于体内,供机体利用。

一般情况下,通用的热量单位为焦(J),过去热量单位是卡(cal)或千卡(kcal),1cal=4.187J,1kcal=4.187kJ。1焦/秒(J/s)为1瓦(W)。由于服装工效学早期的研究都是以cal或kcal为单位,所以为了使读者更加容易理解,本书在必要的部分,会同时利用J和kcal作为热量的单位。

根据热力学第一定律,能量由一种形式转化为另一种形式的过程中,既不能增加,也不能减少,这是所有形式的能量(动能、热能、电能及化学能)互相转化的一般规律,也就是能量守恒定律。当然,机体的能量代谢也遵循这一规律,也就是说,在整个能量转化过程中,机体所利用的蕴藏于食物中的化学能与最终转化成的热能和所做的外功,按能量来折算是完全相等的。因此,测定在一定时间内机体所消耗的食物,或者测定机体所产生的热量与所做的外功,都可测算出整个机体的能量代谢率(单位时间内所消耗的能量)

(三)能量代谢的方法

通过长时间的总结与研究得出了计算能量代谢的三种方法,其具体内容如下。

1. 简化测定法

相比较来说,这里所说的简化测定法是相对于后文中所说的直接测热法与间接测热法来说的,在实际操作中它是更为简便的一种,因此将其放置在最前的位置向读者介绍。

在具体的使用过程中仅需要测定受试者单位时间呼出的气体量及呼出气体中的O_2含量,即可估算出受试者的新陈代谢率。实际操作中有两种方法可以参考,其具体内容如下。

(1)方法一。仅需要测定受试者单位时间呼出的气体量,计算过程中需要使用到的公式如下所示:

$$M = 4.187 \times 12.6V_E \tag{3-24}$$

式中:M——代谢产热量,kcal/min;

V_E——单位时间内呼出气的体积(标准状态下的),L/min。

相比较来说,这种方法操作更为简单,并且使用仪器少,但测量结果误差稍大。该测定法的操作步骤如下:

第一步,要求受试者戴上呼吸面罩,收集5~10min呼出的气体于多氏袋中。

第二步,用气体流量计测定单位时间呼出的气量,并按照相关公式换算为标准状态下的干空气的体积流量。

第三步,计算受试者代谢产热量 M。

(2)方法二。需要测定受试者单位时间呼出的气体量及呼出气体中的 O_2 含量,计算中需要用到的公式如下:

$$M = 4.187V_E \cdot (1.05 - 5.015F_{EO_2}) \quad (3-25)$$

式中:M——代谢产热量,kJ/min;

V_E——单位时间内呼出气的体积(标准状态下),L/min;

F_{EO_2}——呼出气中的 O_2 含量,%。

从整体上来看,这种方法适用于轻、中和重的劳动负荷,经多年实验与使用,使用简化测定法与通过非蛋白呼吸商法测得的结果相差甚微,误差完全可以忽略不计。简化测定法的操作步骤如下所示。

第一步,要求受试者戴上呼吸面罩,收集 5~10min 呼出的气体于多氏袋中。

第二步,用气体流量计测定单位时间呼出的气量,并按照相关公式换算为标准状态下的干空气的体积流量。

第三步,测量呼出气体量的同时,利用气体分析仪,测定呼出气中 O_2 的浓度。

第四步,计算受试者代谢产热量 M。

2. *直接测热法*

这种方法主要是测定整个机体在单位时间内向外界环境发散的总热量,此总热量就是能量代谢率。如果在测定时间内有对外做功,应将对外所做的功折算为热量一并计入。

20 世纪初期,相关人士构想并设计了呼吸热量计,如图 3-2-7 所示为其结构图。在隔热密封的房间中,设有一个铜制的受试者居室。使用温度调节装置控制隔热壁与居室之间空气的温度,使之与居室内的温度相等,以避免居室内的热量因传导而散失。

在实际测量过程中,受试者呼吸的空气由进出居室的气泵管道系统来供给。此系统中装有硫酸和钠石灰,用以吸收人体呼出气中的水蒸气和 CO_2。管道系统中空气中的 O_2 则由氧气筒定时补给。这样,受试者机体所散发的大部分热量便被居室内管道中流动的水所吸收。测定进入和流出居室的水量和温度差,乘以水的比热即可测出水所吸收的热量。当然,受试者发散的热量有一部分包含在不感蒸发量中,这在计算时也要加进去。直接测热法测得的热量等于机体一定时间内散失的总热量。

通过在实践中使用直接测热法可以发现,这种方法在测量过程中所使用的设备较为复杂,操作烦琐,使用不便,因而在实际中极少应用。一般都采用间接测热法。

下面对间接测热法进行分析。

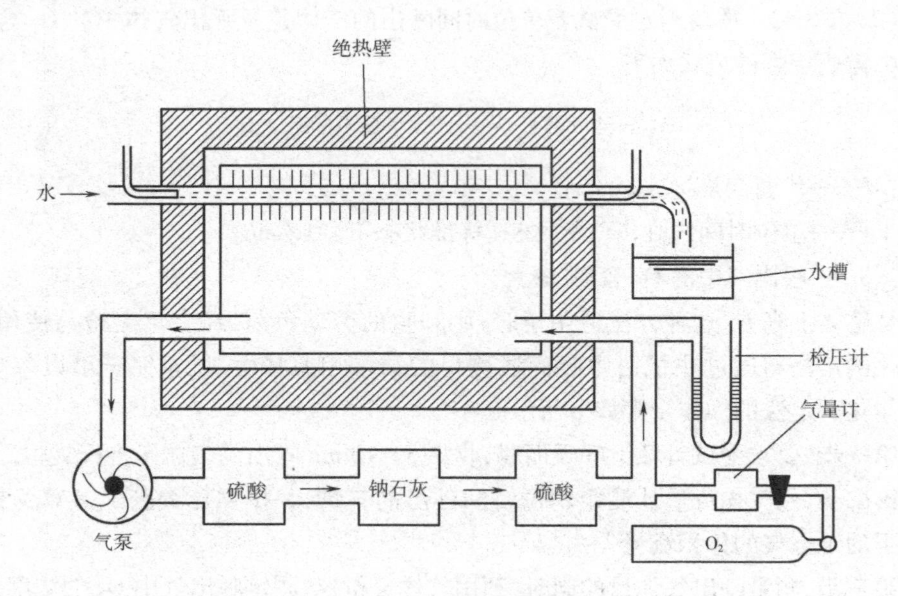

图 3-2-7　呼吸热量计

3. *间接测热法*

机体依靠呼吸功能从外界摄取 O_2，以供各种营养物质氧化分解的需要，同时也将代谢终生物 CO_2 呼出体外。在一定时间内机体的 CO_2 产生量与 O_2 消耗量的比值称为呼吸商(Respiratory Quotient，RQ)。由于各种营养物质在细胞内氧化供能属于细胞呼吸过程，因此可根据各种营养物质氧化时的 CO_2 产生量与 O_2 消耗量的比值计算出其各自的呼吸商。严格说来，呼吸商应该以 CO_2 和 O_2 的摩尔数来计算，但是由于在同一温度和气压条件下，容积相等的不同气体，其分子数都是相等的，所以通常都用容积数(mL 或 L)来计算 CO_2 与 O_2 的比值，其公式如下：

$$RQ = \frac{\text{产生的}CO_2\text{摩尔数}}{\text{消耗的}CO_2\text{摩尔数}} = \frac{\text{产生的}CO_2\text{容积数}}{\text{消耗的}CO_2\text{容积数}} \tag{3-26}$$

人体内所停留的糖、脂肪和蛋白质发生氧化时，它们的 CO_2 产量与 O_2 消耗量各不相同，三者的呼吸商也不一样。因为各种营养物质无论在体内或体外氧化，它们的耗 O_2 量与 CO_2 产量都取决于各种物质的化学组成，所以，在理论上任何一种营养物质的呼吸商都可以根据它的氧化成终产物(CO_2 和 H_2O)的化学反应式计算出来。

糖的一般分子式为(CH_2O)。氧化时消耗的 O_2 和产生的 CO_2 分子数相等，呼吸商应该等于1。

脂肪氧化时需要消耗更多的O_2，在脂肪本身的分子结构中，O的含量远少于C和H。因此，另外提供的O_2不仅要氧化脂肪分子中的C，还要用来氧化其中的H。所以脂肪的呼吸商将小于1，如甘油三酸酯呼吸商等于0.71。

蛋白质的呼吸商较难测算，因为蛋白质在体内不能完全氧化，而且它氧化分解途径的细节，有些还不够清楚，所以只能通过蛋白质分子中的C和H被氧化时所需O_2量和CO_2产生量，间接算出蛋白质的呼吸商，其计算值为0.80。

日常生活中，营养物质不是单纯的，而是由糖、脂肪和蛋白质等物质混合而形成的。所以，呼吸商常变动在0.71～1.00之间。人体在特定时间内的呼吸商要看哪种营养物质是当时的主要能量来源而定。若能源主要是糖类，则呼吸商接近于1.00；若主要是脂肪，则呼吸商接近于0.71。在长期病理性饥饿情况下，能源主要来自机体本身的蛋白质和脂肪，则呼吸商接近于0.80。一般情况下，摄取混合食物时，呼吸商常为0.85左右。

通常，人体内的主要供能物质是糖和脂肪，而动用的蛋白质极少，可忽略不计。为计算方便，可以忽略蛋白质供能的情况下，测量一定时间内氧化糖和脂肪所产生的CO_2量与耗O_2量，其比值称为非蛋白呼吸商（NonProtein Respiratory Quotient，NPRQ）。根据糖和脂肪按比例混合氧化时所产生的CO_2量与耗O_2量可计算出相应的NPRQ值，由NRPQ值进而查出氧化糖和脂肪的量以及相应的氧热价。通过这些数据即可计算出受试者的新陈代谢率。

从生理学的角度上来说，测定受试者的新陈代谢率，首先测定受试者一定时间内的耗O_2量和CO_2产生量，并将它们换算为标准状态下的数值。根据这些数据和查表计算人体的新陈代谢率。耗O_2量与CO_2产生量的测定方法有两种，也就是人们所说的开放式测定法和闭合式测定法。

（1）开放式测定法。在机体呼吸空气的条件下测定耗O_2量和CO_2产生量的方法，所以称为开放法。其原理是，采集受试者一定时间内的呼出气，测定呼出气量并分析呼出气中O_2和CO_2的容积百分比。由于吸入气就是空气，所以其中O_2和CO_2的容积百分比不必另测。根据吸入气和呼出气中O_2和CO_2的容积百分比的差数，可算出该时间内的耗O_2量和CO_2产生量。

（2）闭合式测定法。在动物实验中，将受试动物置于一个密闭的能吸热的装置中。通过气泵，不断将定量的氧气送入装置。动物不断地摄取O_2，可根据装置中O_2量的减少计算出该动物在单位时间内的耗O_2量。动物呼出的CO_2则由装在气体回路中的CO_2吸收剂吸收。然后根据实验前后CO_2吸收剂的质量差，算出单位时间内

的 CO_2 产生量。由耗 O_2 量和 CO_2 产生量算出呼吸商。

(3)间接测热法在服装工效学中的应用。在实际操作中,气体分析方法很多,最简便而又广泛应用的方法,是将受试者在一定时间内呼出气采集于气袋中,通过气量计测定呼气量,然后用气体分析器分析呼出气的组成成分,进而计算耗 O_2 量和 CO_2 产生量,并算出呼吸商。下面就将这种测热方法转到服装工效学研究中。一般来说,测量受试者的新陈代谢率多采用开放式测定法,如图 3-2-8 所示为在测量过程中所使用的装置图。

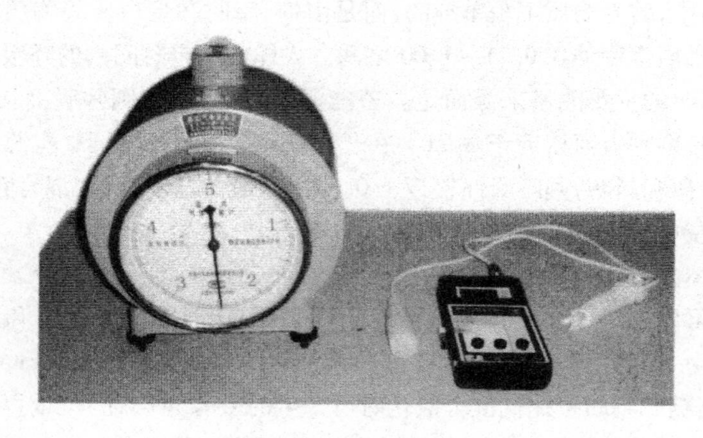

图 3-2-8 装置图

当准备好仪器之后,所要做的就是按照一定的步骤对其进行测量,其具体步骤如下所示。

①要求受试者戴上呼吸面罩,通过呼气与吸气的动作收集 5~10min 呼出的气体于多氏袋中。

②用气体流量计测定单位时间呼出的气量,并按下面公式来换算成标准状态下的干空气的体积流量。

$$V_0 = V_1 \cdot \frac{p - b}{760 \times (1 + \beta \cdot t)} \tag{3-27}$$

式中:V_0——标准状态下的干空气的体积,L/min;

V_1——气体流量计测定的呼出气的体积,L/min;

p——实验环境下的大气压力,mmHg 柱;

t——实验环境的温度,℃;

b——温度为 t(℃)时的饱和水蒸气压,mmHg 柱;

β——温度系数,是一个常数,用分数1/273来表示。

③在第二个步骤中测量呼出气体量的同时,还需要利用气体分析仪,测定呼出气中O_2和CO_2的浓度。

④作"氮气校正",分析出吸入气的体积,并计算出吸入的O_2量和产生的CO_2量。

需要特别注意的是,由于吸入气中的氮气不被机体所吸收利用,所以呼出气中的N_2总量和吸入气中的N_2总量是相等的,由此便可以得出一个计算公式:

$$V_I \cdot F_{IN_2} = V_E \cdot F_{EN_2} \tag{3-28}$$

式中:V_I——吸入气的体积(标准状态下的),L/min;

F_{IN_2}——吸入气中的N_2含量,其含量为79.03%;

V_E——呼出气的体积(标准状态下的),L/min;

N_{EN_2}——呼出气中的N_2含量,%。

综合上述,即可得出另一个公式:

$$V_I = \frac{V_E \cdot F_{EN_2}}{F_{IN_2}} \tag{3-29}$$

由此便可求出受试者吸入的O_2量,其公式如下所示:

$$V_{IO_2} = (V_I \cdot F_{IO_2}) - (V_E \cdot F_{EO_2}) \tag{3-30}$$

式中:V_{IO_2}——受试者吸入的O_2量,L/min;

V_I——吸入气的体积(标准状态下),L/min;

F_{IO_2}——吸入气中的O_2含量,其含量为20.94%;

V_E——呼出气的体积(标准状态下),L/min;

F_{EO_2}——呼出气中的O_2含量,%。

由此便可得出受试者产生的CO_2量,计算过程中需要用到的公式如下所示:

$$V_{ECO_2} = (V_E \times F_{ECO_2}) - (V_I \times F_{ICO_2}) \tag{3-31}$$

式中:V_{ECO_2}——受试者产生的CO_2量,L/min;

V_I——吸入气的体积(标准状态下的),L/min;

V_E——呼出气的体积(标准状态下的),L/min;

F_{ICO_2}——吸入气中的CO_2含量,其含量为0.03%;

F_{ECO_2}——呼出气中的CO_2含量,%。

⑤计算非蛋白呼吸商，计算非蛋白呼吸商的过程中，需要用到的公式如下所示：

$$NRPQ = \frac{V_{ECO_2}}{V_{IO_2}} \tag{3-32}$$

式中：NPRQ——非蛋白呼吸商。

⑥根据非蛋白呼吸商的值，经过查阅相关资料得出 O_2 的热价 P，再根据吸入 O_2 的量，计算出受试者代谢产热量，其计算过程中需要用到的公式如下所示。

$$M = P \cdot V_{IO_2} \tag{3-33}$$

式中：M——代谢产热量，kJ/min；

P——氧的热价，kJ/min；

V_{IO2}——受试者吸入的 O_2 量，L/min。

为了更好地理解上文中所说的这些内容，下面举一个实际的例子分步来对其进行分析，方便读者对其进行更进一步了解。

例：某健康成人受试者，安静状态下的呼出气体量为5.2L/min（标准状态）。气体分析结果为：O_2 含量16.23%，CO_2 含量4.13%，N_2 含量79.64%；吸入气分析结果为：O_2 含量20.94%，N_2 含量79.03%，CO_2 含量0.03%。求受试者的新陈代谢率。

（1）求受试者吸入的气体量（V_I）。

$$V_I = \frac{V_E \cdot V_{EN_2}}{F_{IN_2}} = \frac{5.2 \times 79.64\%}{79.03\%} = 5.24(L/min) \tag{3-34}$$

（2）求受试者吸入的 O_2 气量（V_{IO_2}）。

$$V_{IO_2} = (V_I \cdot F_{IO_2}) - (V_E \cdot F_{EO_2}) = (5.24 \times 20.94\%) - (5.2 \times 16.23\%) = 0.253(L/min) \tag{3-35}$$

（3）求受试者产生的 CO_2 量（V_{ECO_2}）。

$$V_{ECO_2} = (V_E \cdot F_{ECO_2}) - (V_I \cdot F_{ICO_2}) = (5.24 \times 4.13\%) - (5.24 \times 0.03\%) = 0.213(L/min) \tag{3-36}$$

（4）计算非蛋白呼吸商（NPRQ）。

$$NPRQ = \frac{V_{ECO_2}}{V_{IO_2}} = \frac{0.213}{0.253} = 0.84 \tag{3-37}$$

（5）根据非蛋白呼吸商的值，经查阅相关资料即可得出 O_2 的热价 P 为4.85kcal/L

或 20.31kJ/L,计算受试者新陈代谢率(M)。

$$M = P \cdot V_{IO_2} = 20.31 \times 0.253 = 5.138(kJ/min) = 308.31(kJ/h) = 85.64(W) \quad (3-38)$$

第三节　服装工效学影响下的服装材料学

一、服装材料的保温性

人之所以要穿着服装,其最重要的目的之一就是保持人体体温的恒定,尤其是在比较寒冷的环境下,服装材料应具备一定的保温性能。严格意义上来说,保温性能实际上就是指服装材料导热性能的大小,导热性能差的材料保温性能好。

表 3-3-1 中所示的是一些常见服装材料的导热系数,通过对这些数值的分析即可判断出哪种材质的服装材料保温性能好。

表 3-3-1　常见服装材料的导热系数

材料	导热系数[W/(m·℃)]	材料	导热系数[W/(m·℃)]
棉	0.071~0.073	涤纶	0.084
羊毛	0.052~0.055	腈纶	0.051
蚕丝	0.050~0.055	丙纶	0.221~0.302
黏胶纤维	0.055~0.071	氯纶	0.042
醋酯纤维	0.05	空气	0.027
锦纶	0.244~0.337	水	0.697

通常情况下,织物的保温性随着穿着次数、洗涤次数的增加而下降。尤其是棉绒布、法兰绒及其他起毛面料,使用初期含气量都很大,保温效果好,而在使用过程中毛逐渐磨掉,气孔缩小,保温能力下降。可以通过重新磨毛、剪毛,恢复织物原来的性能。对毛织物来说,用蒸汽蒸或在阳光下晒,表面状态就能恢复原样或蓬松起来,给人一种暖和的感觉,因为经过这种处理后含气量增加了,随之提高了保温性能。

(一)影响服装材料保温性的因素

经研究发现,影响服装材料保温性能的因素主要表现在五个方面,其具体内容如下。

1. 服装材料的表面状况

实际上,在服装材料表面有一薄层静止空气,即边界层空气。服装材料的表面状况影响着边界层空气的厚度。一般来说,表面粗糙、毛羽丰富或起毛织物,其边界层空气的厚度要比表面光洁的织物厚,服装材料整体的保温性能也会好。

2. 服装材料含气量及所含空气的状态

服装材料中,纤维与纤维之间充满了空气,由于空气的导热系数远小于纤维材料的导热系数,所以服装材料的保温性的绝大部分是由服装材料中所含的静止空气贡献的。要想提高服装材料的保温性能,最重要的就是要提高服装材料中的空气含量。服装材料的含气量越大,尤其是包含大量静止空气、死腔空气,则服装材料的保温性就会越好,如羽绒制品、羊毛制品。织物的含气量受纱线细度、纱线捻度、织物组织、织物紧度等参数的影响。普通服装材料含气量为60% ~80%,含气量高的可达90%以上,如蓬松的保温絮片。

3. 服装材料含水量及污染

由于水的导热性能非常好,所以织物含水量高时,保温性能就会下降。另外,织物污染后,会使织物的含气量降低,保温性能也会下降。

4. 导热系数

服装材料是由纤维构成的,因此,纤维的导热系数会直接影响服装材料的保温性。如上文所出示的表3-3-1所示是经过总结后汇总的大多数纺织纤维导热系数。从理论上来说,由导热系数小的纤维构成的织物保温性也会好。织物是纤维和空气的混合体,其中都含有的一定的静止空气甚至死腔空气,它对织物保温性的贡献要远远大于纤维材料本身,因此,在织物规格相同的情况下,不同的纤维会对织物的保温性产生一定的影响,但影响并不大。

5. 服装材料的厚度

一般来说,不同质地的服装材料的厚度主要由纱线细度、织物组织、织物密度等决定。一般来说,织物厚,则保温性能好。大多数面料的热阻满足0.248(℃·m^2/W)/cm(即1.6clo/cm)的规律。其中,clo是用来表示服装及面料保温性能的曾经被广泛使用的单位。

(二)服装材料保温性的测量

通过大量的实践,人们总结出了服装材料保温性的测量方法,大致有两种方法,下面对其进行分析。

1. 冷却法

实际操作中要求用试样布包裹一定温度的热源体,并将其放置在低温环境中冷却,并测定热源体从某一温度冷却到另一温度所需的时间;或者测定在一定时间内,热源体冷却前后的温度差,然后和热源体裸露时的情况作比较。冷却法可以比较服装材料的隔热性能,但不能精确测定隔热值,只能做定性分析。冷却法比较常用的是卡他温度计冷却法。该方法在测量时,取两块 50mm × 50mm 的试样,用线缝合成袋状。将卡他温度计酒精球部用 45℃的温水浸泡,使酒精上升至顶端中空处,从温水中取出酒精球,擦去酒精球上的水,将缝好的织物袋套在卡他温度计的酒精球体上,记录卡他温度计从 38℃下降至 35℃所需的时间。然后以同样的方法测定酒精球未"穿着"试样情况下的冷却时间,在采用冷却法对服装材料的保温性进行测量的过程中,需要用到下面的公式:

$$\text{隔热指数} = \left(1 - \frac{a}{b}\right) \times 100\% \tag{3-39}$$

式中:a——"未穿着"试样情况下的冷却时间,s;

b——"穿着"试样情况下的冷却时间,s。

如果隔热指数值在 0 ~ 1 之间,1 代表绝热,0 代表热超导。

2. 恒温法

这种方法可以对服装材料的保温性能进行定量分析。恒温法通常是在平板式保温仪上进行的。平板式保温仪由实验板、铜板、保护板、加热装置、温度传感器、恒温控制器等构成。实验板由与人体皮肤黑度接近的薄皮革制成,实验散热面为 25cm × 25cm。测量时用织物将实验板盖住,保持铜板的温度恒定在某一特定温度,如 33℃或 36℃,记录并计算单位时间通过实验板的热量,即可得到织物的保温性能。保持铜板温度恒定听需的加热功率越大,说明织物的保温性越差。利用平板式保温仪可以测得织物的保温率、导热系数、热阻等指标。其中,在计算过程中需要用到的保温率计算公式如下所示:

$$\text{保温率} = \frac{W_1 - W_2}{W_1} \times 100\% \tag{3-40}$$

式中:W_1 ——空白实验通过实验板所散失的热量,W;

W_2 ——当覆盖织物后,通过实验板所散失的热量,W。

经过不断地发展,现在的自动平板式保温仪已经不需要再计算,在测试完成后,仪器会自动计算并显示实验结果,如导热系数、保温率、热阻。如图 3 - 3 - 1 所示为一种智能型平板式保温仪。该仪器与计算机相连,可以通过计算机控制整个测试过程,测试速度快,精度高,且操作方便。

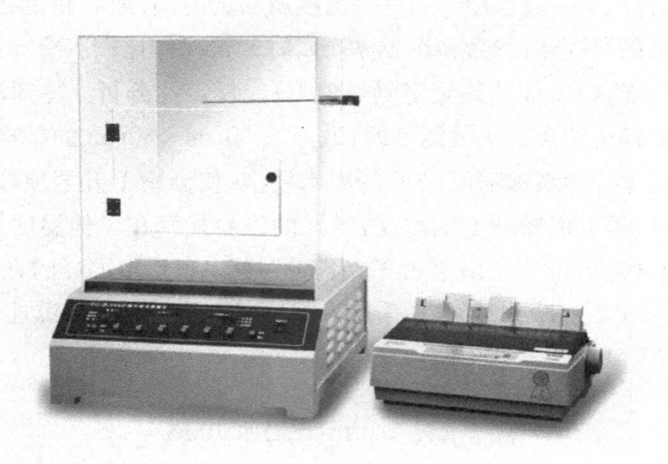

图 3-3-1　自动平板式保温仪

二、服装材料的透湿性

服装材料的这种特性主要是指湿汽透过织物的性能。

(一)影响服装材料透湿性的因素

通过总结与相关的调查研究可以发现,影响服装材料透湿性的因素主要表现在以下两个方面。

1. 纤维的吸湿性

由于服装材料具有吸湿性能,所以织物可以在高湿的一侧吸湿,传递到低湿的一侧放湿,从而起到透湿作用。服装材料的吸湿性是由纤维的性质决定的,吸湿性好且放湿快的织物透湿性能好,如亚麻。羊毛织物虽然具有很好的吸湿性,可以吸收大量水汽,但由于羊毛织物放湿过程缓慢,所以透湿性能不如亚麻和棉纤维制品。Hollies 对经亲水性处理的涤纶和普通涤纶织物的对比实验发现,在高湿条件下,特别是在织物中出现液态水时,经过亲水处理的涤纶织物的透湿性明显优于普通涤纶织物;但在低湿条件下,两者差异不明显。

2. 服装材料的透气性

通常情况下来说,水汽通过织物主要有三种传递途径。一是水汽通过织物中微孔的扩散;二是纤维自身吸湿,并从织物水汽压较低的一侧散失;三是在水汽压已饱和时,在纤维表面会凝结成露,可以通过毛细管作用沿纤维表面进行扩散,并在水汽压低的一侧蒸发散失。由此可知,影响织物透气性的因素都会影响织物的透湿性能。

(二)服装材料透湿性的测量

服装材料透湿性的测量方法大致有以下两种。

1. *蒸发法*

将试样覆盖在盛有蒸馏水的容器上端,在一定温度、湿度(如温度为38℃,相对湿度为2%)的环境内或在恒温恒湿箱中放置一定时间。根据容器内蒸馏水减少的质量和试样的有效透湿面积,计算出服装材料的透湿量或透湿率。在对服装材料的透湿率进行计算时需要用到下面的公式:

$$B = \frac{G}{G_0} \times 100\% \qquad (3-41)$$

式中:B——服装材料的透湿率,%;

G——覆盖试样的容器单位时间内水的蒸发量,g;

G_0——未覆盖试样的容器单位时间内水的蒸发量,g。

根据水汽扩散定律,透湿量直接受材料两边湿度差的影响。应用蒸发法测定织物透湿性时,随着水的表面到试样间距离的减小,测量的水蒸发量将会增大。同时,蒸发法中水不断透过织物向外扩散,使液面下降,这都会使被测织物两面的水蒸气压差发生变化,因此应设法保持面料与液面的距离不变,并小于1cm。

2. *吸湿法*

习惯上人们又将其称之为干燥剂法,具体来说是将服装材料试样覆盖在装有吸湿剂(如无水碳酸钙、氯化钙等)的容器口上,覆盖的接缝处必须用石蜡密封,放在一定温度和湿度的实验室内或恒温恒湿箱内0.5～1h后,测定吸湿剂的增重量以及试样的面积,即可计算出服装材料的透湿量,在采用这种方法进行测量的过程中需要用到下面所出示的公式:

$$U = \frac{24G}{t \cdot A} \qquad (3-42)$$

式中:U——服装材料的透湿量,$g/(m^2 \cdot 24h)$;

G——吸湿剂的增重量,g;

t——试样的测量时间,h;

A——水的有效蒸发面积,m^2。

上述所说的这两种方法,适用情况不同。

蒸发法模拟汗液蒸汽穿透织物的速度,适合对织物透湿量的测定;而吸湿法是模拟干燥物体被塑料膜、包装纸包装后的受潮程度,所以比较适合防潮包装材料的透湿性测试，对于透湿量高的织物，杯中的干燥剂很快吸湿达到饱和，造成湿阻的增加。另外由于表层干燥剂容易吸收水蒸气，而底层干燥剂未能及时更换到表面，也造成了吸湿能力的下降，影响实验结果，所以吸湿法不适合测试透湿率很大的织物。由于吸湿法原理简单，国内用其测试透湿量的比较多，尤其是在仲裁时，一般都使用吸湿法。

以上两种方法，在实际操作中只要采取一些适当措施就可以提高实验精度，如尽量增加水位高度、每 2h 更换干燥剂，只要运用得当，一般实验效果是比较理想的。

三、服装材料的透气性

服装材料的透气性是指气体分子通过服装材料的性能，是服装材料透通性中最基本的性能。其透气性能的好坏将直接影响服装的舒适性。

（一）服装材料透气性分类

一般来说，根据服装材料透气性的不同可将其进行不同种类的划分，具体内容如下。

1. 不透气材料

从其命名上来看，这种服装材料的透气性及差，多为涂层织物、塑料制品、橡胶制品。

2. 难透气材料

与不透气材料相比，这种类型的材料稍微透气一些，但其透气性也不是很强，多为紧度较高的服装材料，一些帆布、皮革制品等属于此类。

3. 易透气服装材料

与前面两种材料相比，这种材料是最为透气的，大多数服装面料都属于此类，如针织物以及绝大多数机织物等。

（二）影响服装材料透气性的因素

通过相关调查研究发现，影响服装材料透气性的因素有很多，主要表现在以下几个方面。

1. 服装材料组织结构

纱线在相同的排列密度和紧度的条件下，其透气性由弱至强的排序为：平纹组织 < 斜纹组织 < 缎纹组织 < 透孔组织。由此便能看出，织物组织越密实的织物，透气性越差。当经纬纱线密度不变而排列密度增加时，服装材料的透气性变差。若服装材料的紧度保持不变，服装材料的透气性随着经纬纱排列密度增加或纱线变细而降低。

服装材料结构不同，其孔隙也不同。当服装材料孔隙分布变异较大时，服装材料的透气性更多地取决于大孔径孔数的多少，而不取决于小孔径孔数的多少。只有当服装材料孔隙分布均匀时，其透气性才取决于平均孔径，也就是取决于纱线间的孔隙大小。

2. 纤维因素

从纤维的表面形状和截面形态这个角度来看，纤维的这两种不同的状态一方面会影响纤维的表面积的大小，另一方面也会使服装材料中纤维和纤维之间的空隙发生变化，从而影响服装材料的透气性。大多数异形截面纤维服装材料比圆形截面纤维的透气性要好。纤维越短，刚性越大，产品毛羽的概率越大，形成的阻挡和通道变化越多，故透气性越差。纤维的回潮率对透气性也有明显影响。例如，毛织物随回潮率的增加，透气性显著下降，这主要是由于纤维径向膨胀的结果。

3. 后整理因素

这个因素主要指的是一些服装经过一定的整理之后其透气性会有所降低，结构越疏松的服装材料，后整理对透气性的影响越大。一些特种功能服装材料，经过涂层整理后，透气性几乎为零。

4. 纱线因素

相比较来说，纱线的结构越致密，纱线内的通透性越差，而纱线间的通透性越好。纱线的捻度越高、越光洁，对通透性越有利。在相同的服装材料紧度条件下，构成服装材料的纱线线密度越小，透气性越差。在一定范围内，纱线的捻度增加，纱线直径和服装材料紧度减小，则服装材料的透气性增强。

5. 其他因素

假设温度一定，服装材料透气性随空气相对湿度的增加而呈现降低的趋势。这是由于服装材料吸收水分后，纤维膨胀、收缩，使服装材料内部的孔隙减少，再加上附着水分将服装材料中空隙阻塞，导致服装材料透气量下降。因此，吸湿量大的，尤其是吸湿膨胀大的纤维制品，相对湿度越高，对服装材料的透气性影响越大。比如说，在空气相对湿度为50%～80%时，羊毛织物透气量降低2%～3%；棉织物水分子容易进入膨胀纤维中，此时透气量降低可达到4%～5%。不吸湿或吸湿性很差的纯合成纤维服装材料，在相对湿度为50%～70%时，透气量降幅小于0.66%；相对湿度在70%以上，纯合成纤维虽然不吸湿，但水分开始凝聚形成纤维间的毛细水，阻塞了服装材料空隙，致使透气量下降速度增快。这种情况同样发生在吸湿强的纤维制品中。

当相对湿度一定时，服装材料的透气量会随着所在环境的温度升高而上升。因为当温度升高，一方面，会使气体分子的热运动加剧，从而导致分子扩散、透通能力的增加；另一方面，虽服装材料有热膨胀，但因水分不易吸收，只黏附于纤维表面，故不能产生湿膨胀及阻塞，所以服装材料的透通性得到改善。

（三）服装透气性的测量

由于人们对服装要求的进一步提高，进而促使一些仪器或者手段出现来对服装材料的透气性进行测量。目前来看，服装材料透气性的测量原理有以下三种。

1. **原理一**

这种原理是在服装材料两侧保持一定的压力差条件下，测量单位时间、单位面积通过服装材料的空气量。

实际应用中，这种原理多用在纺织领域，常用的仪器是服装材料中压透气仪。如图3－3－2(a)与图3－3－2(b)中所示分别为服装材料透气性的测量原理与服装材料中压透气仪图。

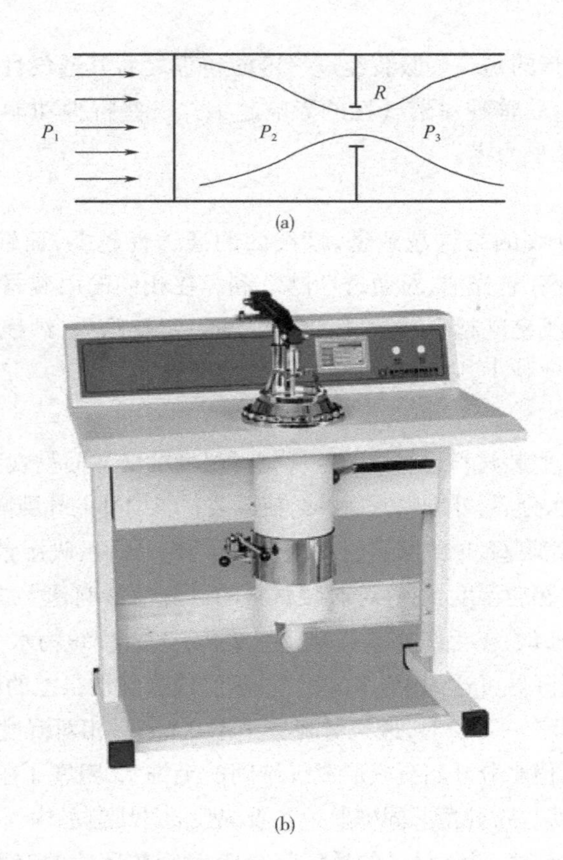

图3－3－2　服装材料透气性的测量原理与服装材料中压透气仪

设服装材料两侧空气压力分别为P_1和P_2，且$P_1 > P_2$，则空气从高压向低压处流动，即自主向右透过服装材料流动。通过服装材料空气流量大小，与服装材料两侧压力差（$P_1 - P_2$）和服装材料的透气性有关。若使服装材料两侧压力差保持恒定，则通过服装材料的空气流量就仅由服装材料本身的透气性决定。服装材料透气性越好，单位时间通过的空气量就越多；服装材料透气性越差，单位时间内所通过的空气量就越少。因此，在保持服装材料两侧压力差一定的条件下，测定单位时间内通过服装材料的空气流量，便可以得到服装材料的透气性。

服装材料两侧压力差（$P_1 - P_2$）可以使用一个斜管压力计进行测量。通过服装材料的空气流量用一个锐孔流量计来测量，其原理如图3-3-2(a)所示。为此透过服装材料的空气，还要流过一只特制的锐孔R，空气通过锐孔时要收缩，然后再扩散，流过锐孔后的空气压力为P_3。当锐孔直径一定时，压力差（$P_1 - P_3$）的大小与流过锐孔的空气流量大小有关。单位时间流过锐孔的空气流量越大，压力差也越大，因此，不同的差值（$P_2 - P_3$）实际上就对应着不同的流量，测得压力差（$P_2 - P_3$）的大小，就可推算出单位时间通过锐孔的空气流量，也就是通过服装材料的空气流量。

2. **原理二**

第二种原理是在服装材料两侧保持一定的压力差条件下，测量单位体积的空气通过单位面积的服装材料所需要的时间。

3. **原理三**

第三种原理主要是测量一定速度的空气通过单位面积的服装材料时，服装材料两侧所产生的压力差。

第四章　户外运动服饰设计

第一节　户外运动服饰的结构设计

一、登山服的结构设计

（一）冲锋衣结构设计

冲顶时所穿着的衣服，即冲锋衣，其英语为“Jackets”或者“Outdoor Jackets”，直译为“夹克”，它是户外运动爱好者的必备装备之一（图4－1－1）。从现代登山的角度讲，冲锋衣应具备以下几个条件。

图4－1－1　冲锋衣

（1）结构上符合登山的要求，登山往往是在恶劣的环境下开展各种活动，包括负重行走、技术攀登等，冲锋衣的结构要能满足这些活动的要求。

（2）由于登山运动所处的特殊环境及登山运动的需要，冲锋衣在制作材料上需能实现防风、防水、透气等要求。

1. *冲锋衣的面料结构*

冲锋衣的面料主要分为两层面料和三层面料（图4－1－2）。知名的面料品牌有Gore－ tex、新保适、E. vent等。

（1）两层面料。面布一般为锦纶或涤纶面料，面布的反面贴合一层防水透湿薄

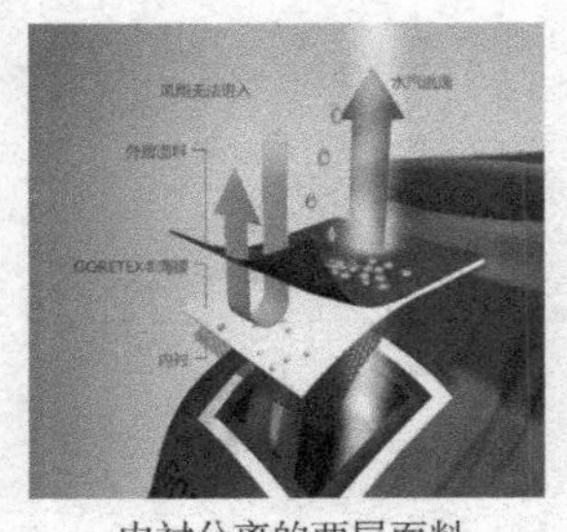

内衬分离的两层面料

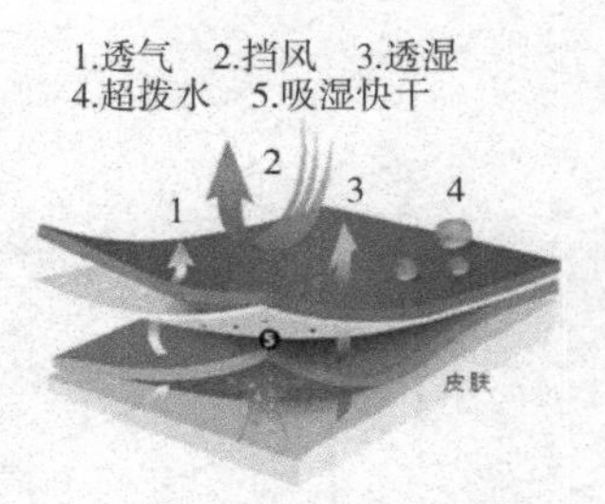

与内衬黏合在一起的三层面料

图4－1－2　冲锋衣面料结构

膜或用涂层工艺涂上一层防水透湿材料。在服装加工时，两层面料里面加上一层内里，以保护反面的薄膜或涂层。两层面料独立的内衬，提高了服装穿着的舒适性和多样性，而且可以结合保暖层灵活使用，令穿着者保持干爽和温暖。

（2）三层面料。保护层、防水透气层和里料是压在一起的，看上去像是一层面料，一般里料颜色多为银灰色。可以看到里料缝线处的压胶条。

2. 冲锋衣的板型结构设计

（1）男士冲锋衣板型结构图如图4－1－3～图4－1－5所示。

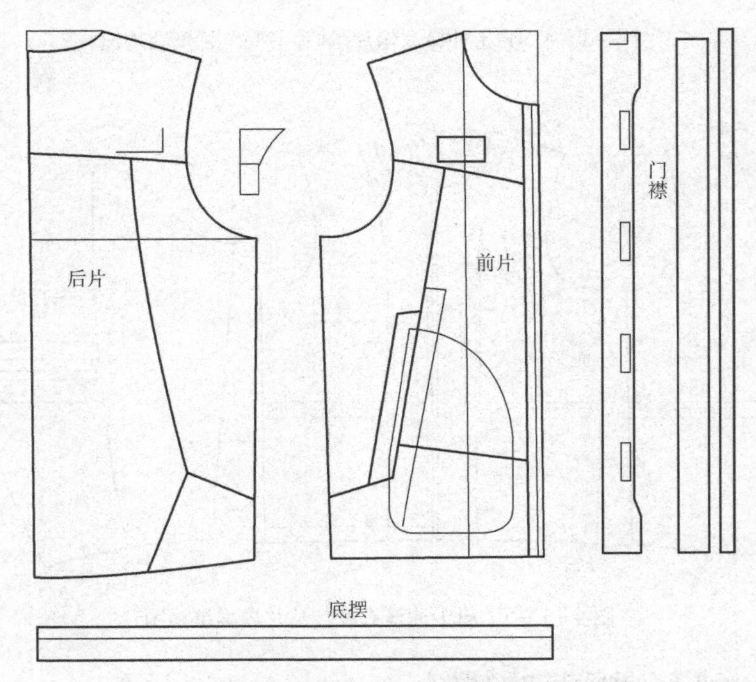

图4－1－3　男士冲锋衣衣片、门襟、底边结构图

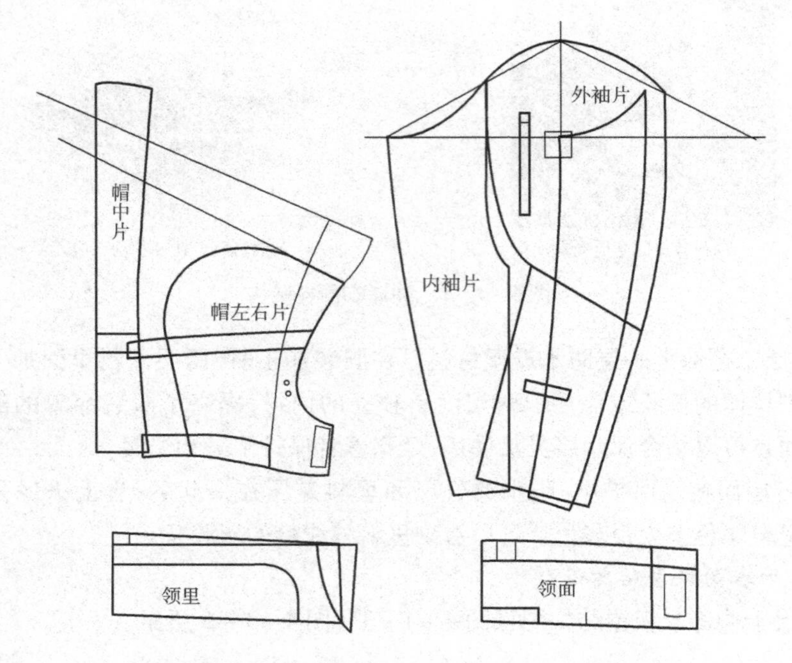

图4－1－4　男士冲锋衣帽片、袖片、领面、领里结构图

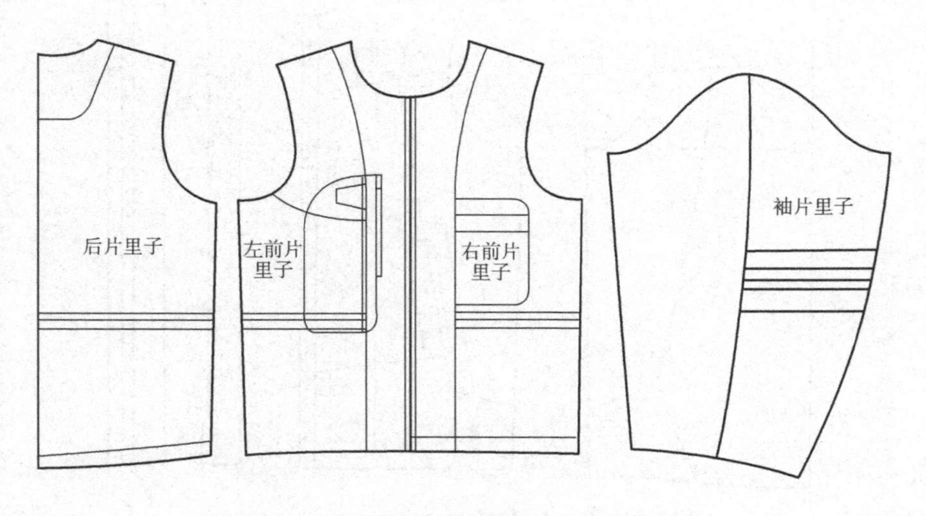

图4－1－5　男士冲锋衣片与袖片内里结构图

（2）女士冲锋衣板型结构图如图4－1－6～图4－1－8所示。

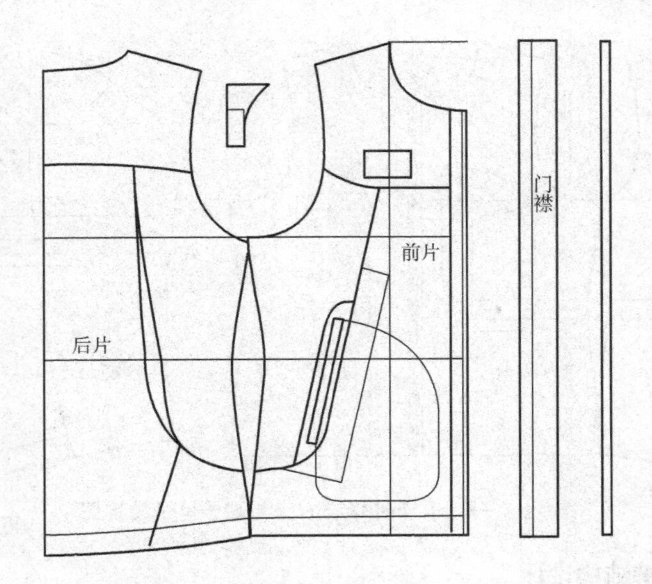

图4-1-6 女士冲锋衣衣片与门襟结构图

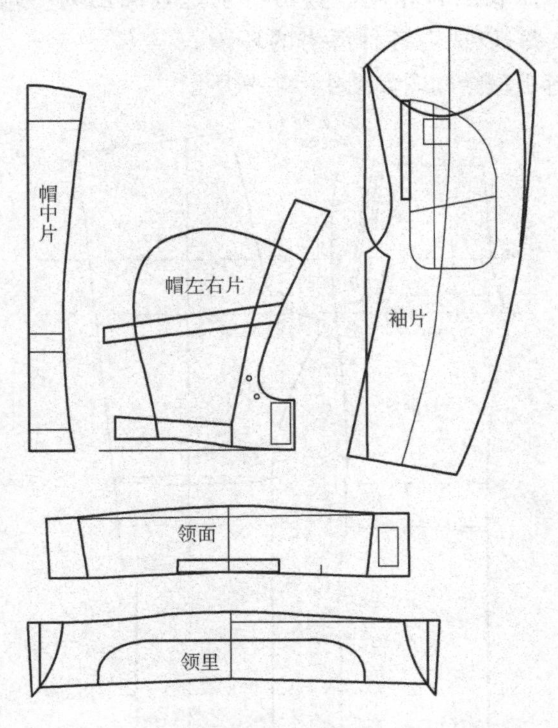

图4-1-7 女士冲锋衣帽子、袖片、领片结构图

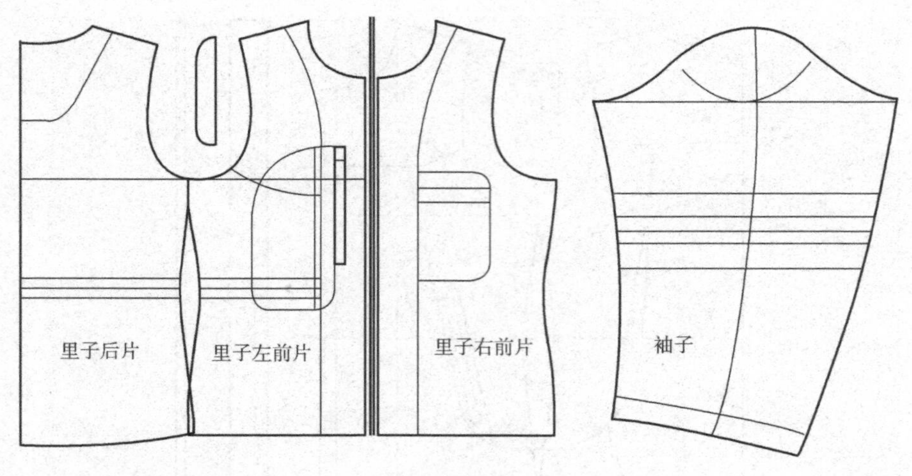

图4-1-8 女士冲锋衣衣身与袖子里子结构图

(二)冲锋裤结构设计

冲锋裤是一种适合户外运动的裤装,一般是长裤款的,单层或有薄夹层(多为抓绒),面料同冲锋衣面料相同。登山特别是登高山时一般选用面料较耐磨的三层压胶冲锋衣裤,以适合各种恶劣的环境。

(1)男士冲锋裤板型结构图如图4-1-9所示。

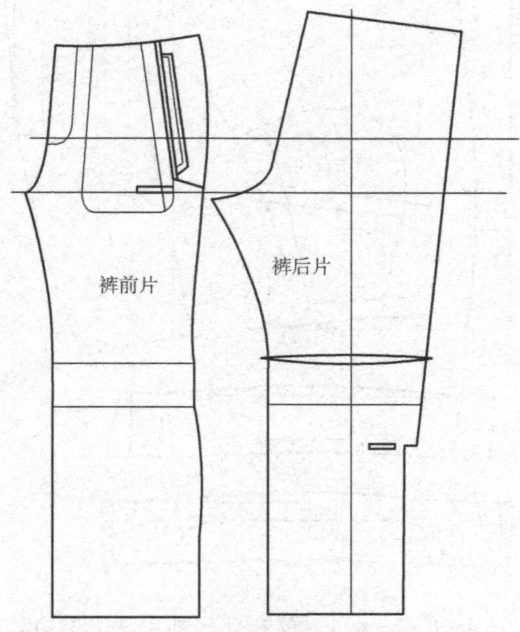

图4-1-9 男士冲锋裤板型结构图

(2)女士冲锋裤板型结构图如图 4 – 1 – 10 和图 4 – 1 – 11 所示。

二、滑雪服的结构设计

滑雪服一般分为旅游服和竞技服。旅游服主要是保暖、美观、舒适、实用。竞技服是根据比赛项目的特点而设计的,注重运动成绩的提高。滑雪服的颜色一般十分鲜艳,这不仅是从美观上考虑,更主要是从安全方面着想,因为在危险的场地鲜艳的服装能够为寻找提供良好的视觉效果。

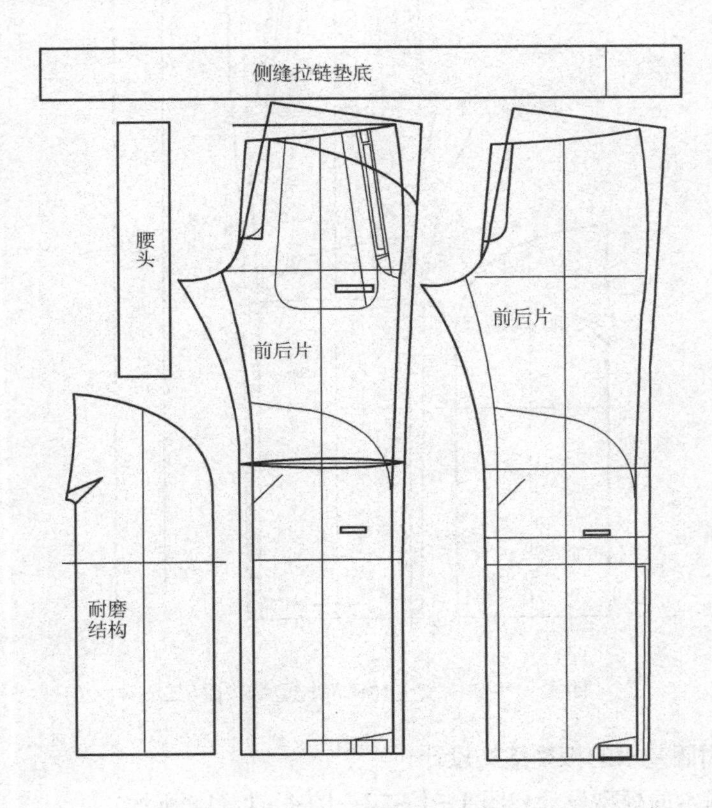

图 4 – 1 – 10　女士冲锋裤板型结构图(一)

(一)滑雪服的面料结构

滑雪服的面料应选用尼龙塔丝隆面料、塔丝隆牛津面料等耐磨防撕、表面经防风处理的尼龙或防撕布材料。面料的反面都有一层防水透湿薄膜或涂层处理,这样既能防止雪融化后渗入衣服,又能在剧烈的运动中帮助衣服内的汗气迅速排出。而为适应户外较低的气温,滑雪服的内里一般都充有羽绒或保暖棉。

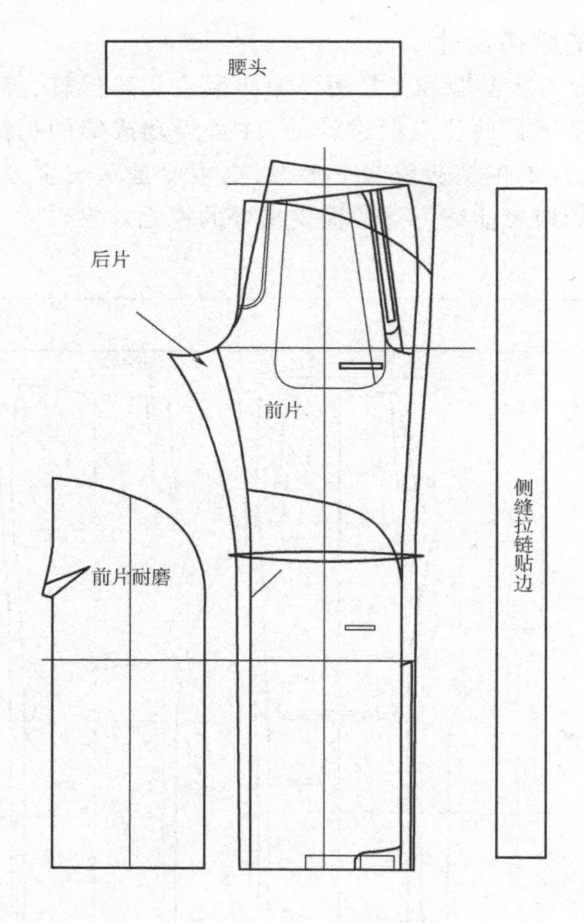

图4－1－11　女士冲锋裤板型结构图(二)

(二)滑雪服基本的板型结构设计

滑雪服基本的板型设计如图4－1－12～图4－1－15所示。

(三)滑雪裤基本的板型设计

滑雪裤基本的板型设计如图4－1－16所示。

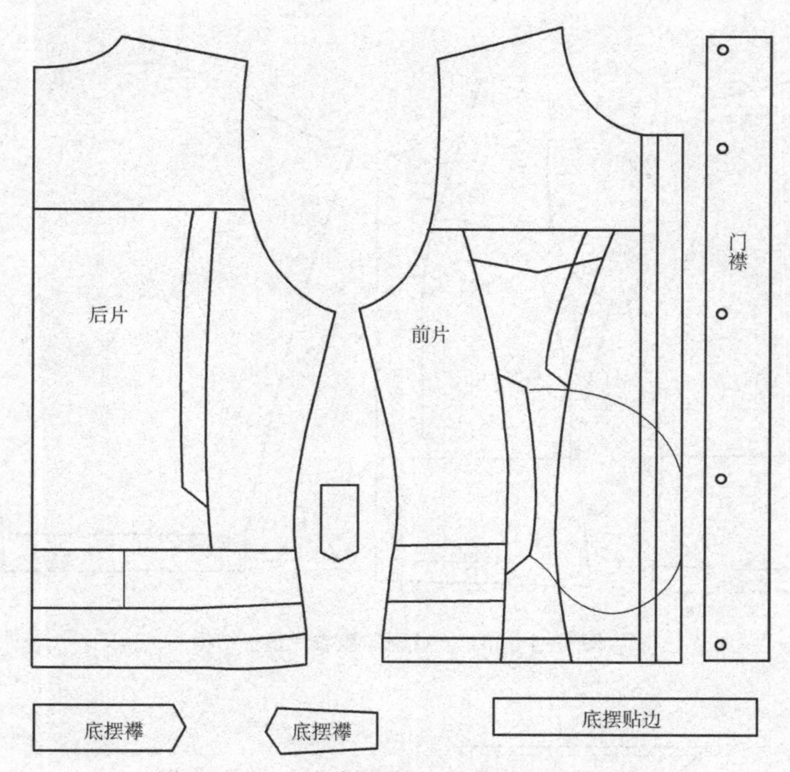

图4－1－12　女式滑雪服上衣衣片与门襟结构

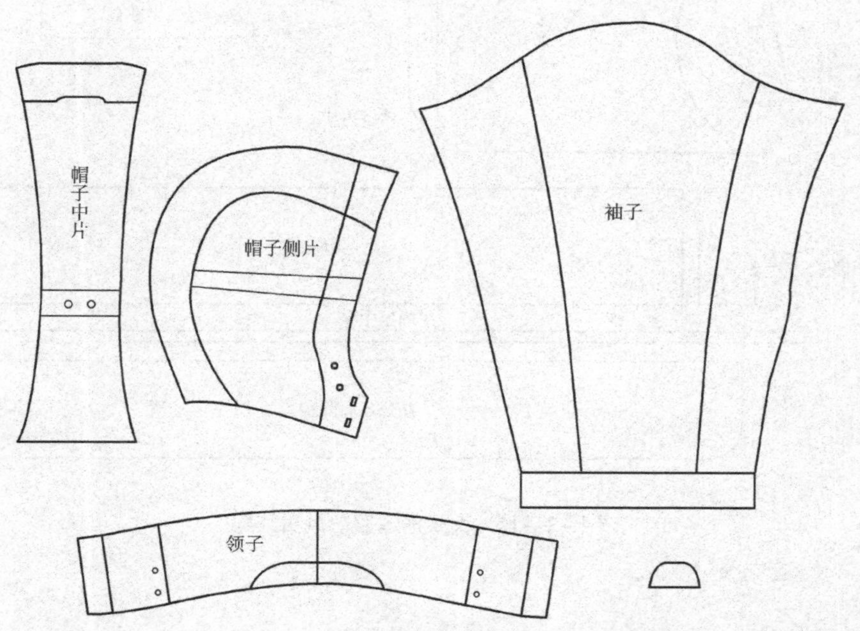

图4－1－13　女式滑雪服帽子、袖子、领子结构

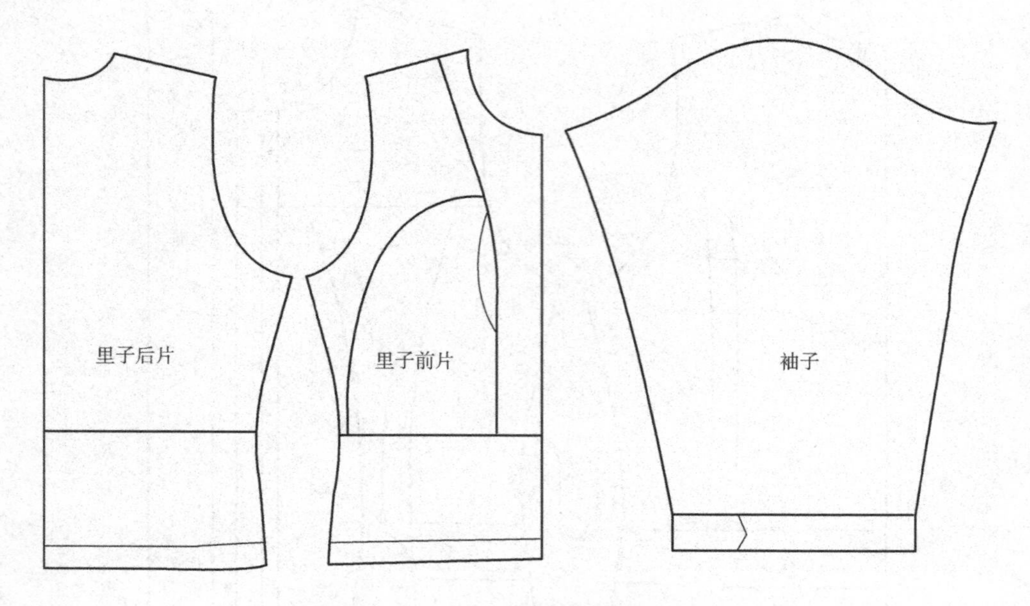

图 4－1－14　女式滑雪服衣片里子结构

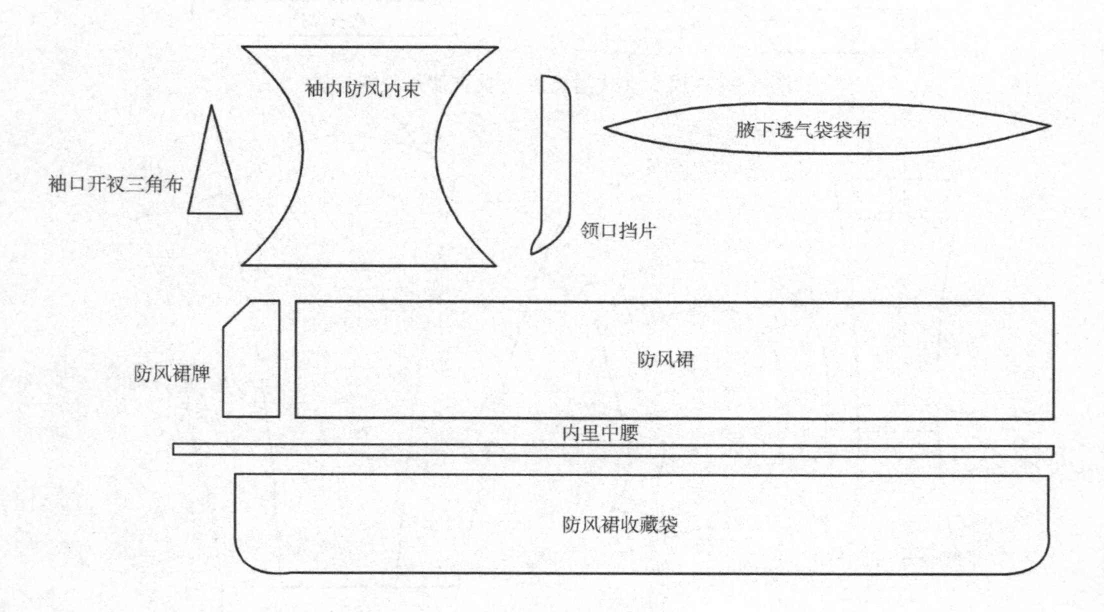

图 4－1－15　女式滑雪服防风裙结构

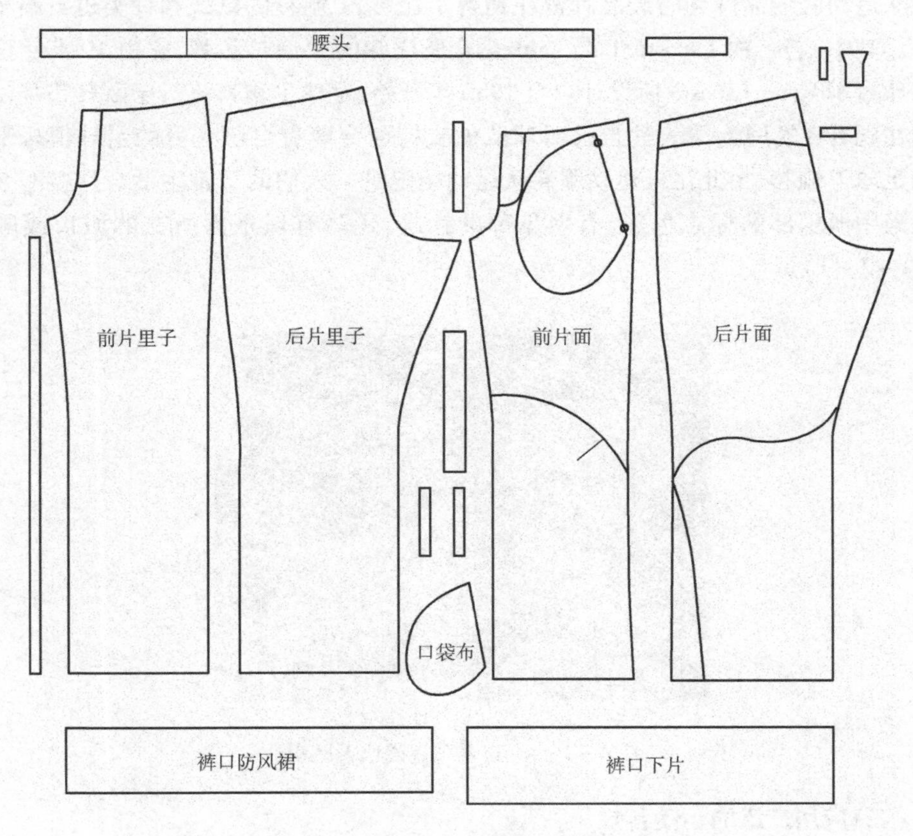

图 4－1－16　女式滑雪裤结构

第二节　户外运动服饰的款式设计

一、运动服装的基本款式类别

(一)属运动基础装备的 T 恤类服装

T 恤衫因其简单的像 T 字的外轮廓而得名,来源于第一次世界大战的士兵们所穿着的内衣。在“二战”时则成为很常见的工作服,现在已经是人们日常必不可少的一种休闲服装。

T 恤衫有长袖、短袖,圆领或是翻领的区分,是运动服装家族的基本成员,它既可以是网球、足球、高尔夫等运动的标准运动服装,也是很多运动服装的运动内衣。

从运动服装品牌到时装品牌都在销售T恤衫,T恤衫的款式和种类也日渐丰富起来。其中,著名的Lacoste/Polo shirt是众所周知的T恤衫品牌,它由1926年法国的网球冠军Rene Lacoste所设计。自1980年开始,足球T恤衫流行于欧美市场。球迷们在观看比赛时为了表达自己对球队的支持而穿着有自己喜爱的足球俱乐部标志的足球T恤衫,由此足球运动服装从运动场走进了人们的日常生活。这些服装通常是采用俱乐部的标志色彩,有俱乐部的标志,还写有俱乐部所在的城市或国家(图4-2-1)。

图4-2-1 巴西球迷着巴西队服

(二)应用广泛的运动套装

运动套装针对不同运动的特点有不同的款式,它是运动服装的基本类型之一,通常采用机织类和针织类的面料。运动员们一般都穿综训套装,它常用于运动前的热身,或运动后保持体温,防止肌肉因温度变化而僵硬。综训套装还广泛用于团队运动中,统一的款式和色彩会强化团队的整体形象。因为综训套装的设计能够展示运动员的国籍、名称等信息,因而常见于各种比赛的领奖台上。常见的综训套装现已成为人们的日常休闲服装,其特点是分上下两件式,轻便随意。

此外,运动套装常见于人们的健身和日常运动,常用弹性面料做成分体式或连体式的、室内健美或室外跑步的服装,如图4-2-2所示为女士针织运动套装。

(三)滑雪和户外使用的运动夹克和裤装

运动服装有着极为丰富的设计款式,很多都是以单品的形式出现,如运动用的

图4-2-2 女士针织运动套装

夹克,或是运动用的裤装。它们在设计上各有特点,供人们根据自己的需要自行选择和搭配穿着,如图4-2-3所示。

图4-2-3 运动装

运动夹克主要是指在户外的运动环境中给运动者提供保护的服装,其中最具代表性的就是户外运动夹克,又称冲锋衣。这种夹克将高科技面料与功能性的款式设计结合,有着防风、雨、雪而又透气的功能,在户外气候和地理环境对人产生威胁时,能够对运动员起到很好的防护作用,为那些在极限气候和地理条件的运动员们提供特殊的保障。

裤装作为运动服装款式中的基础款式,有短裤、长裤之分,当然还有更为高级些的可以通过拆卸改变长度的款式。裤装在面料的选择上也极为丰富。裤装的设计以运动的不同特点为依据,滑雪裤的设计就是根据其使用的环境及运动特点设计的。首先,滑雪裤是用于冬季的滑雪运动的,因而它需要在功能上具备防雪水、保暖和透气的特点。此外,由于滑雪运动时身体的姿态与平时的区别很大,所以滑雪裤的裁剪也要符合运动姿态的特点,如需要设计前弯式的板型来配合运动的姿态。滑雪裤以其较好的保暖性能和舒适的立体裁剪板型,现在已成为很多人冬季的日用服装。

(四)为水上运动而设计的泳装、冲浪类服装

水上运动有着丰富的种类,其运动服装装的产生和发展也有很长的发展历史。从早期的泳装和沙滩装到现在各式各样的水上运动服装,其在面料的技术上和款式上都发生了很多的变化。针对高竞技的游泳比赛,为提高速度而开发的专业型泳装(图4-2-4)也有很大的进步,特别是针对泳装面料的研发和裁剪技术引起了人们很大的关注。泳装不仅在款式设计上具有很强的时尚感,在裁剪和面料的设计上也不断推陈出新,带给人们美的享受。时尚的泳装同样注重面料的开发,如一种名为JS006的泳装面料就是既能够防止阳光紫外线的伤害,又能将皮肤晒成漂亮健康的古铜色。而随着冲浪运动的流行,能够保护体内温度、防水和具有弹性的连体冲浪服装也逐渐得到人们的青睐。在沙滩上嬉戏休闲的沙滩服装也融入了运动服装装的特点。

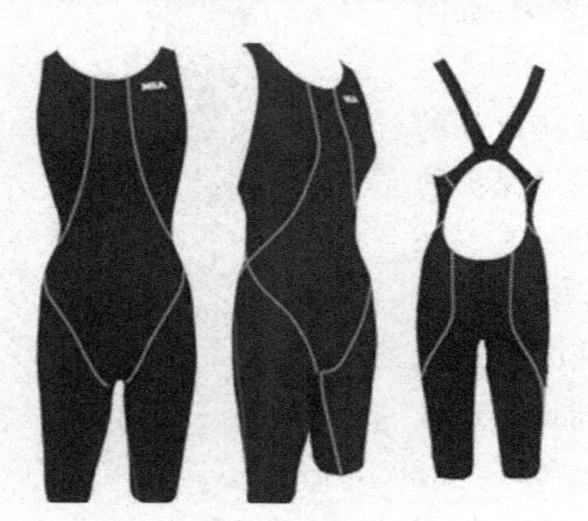

图4-2-4　专业泳装

二、户外运动服饰的设计特点

户外运动服饰款式设计主要聚焦于具体的运动特点与功能、多功能的组合与轻量化需求、细节设计(如口袋、拉链、拼缝、反光标等),其具体设计一方面要满足功能需要;另一方面还应注意到外在的时尚与美观,如服装的拉链和拉头。功能上是开合服装,但是拉链的色彩、材质、长短和宽窄,拉链头的形状、色彩和手感这些运动服装重要的细小组成部分却能对一件户外服装的美感产生影响,如拉链的位置和尺寸直接影响了服装的款式和穿着的方式。

(一)运动特点与功能

在时装设计过程中,有时为寻求形式上的轮廓或造型设计的美观,会对人体运动的需要有所忽视,而户外运动服饰在款式设计上则需要十分注重与人体构造的特点及运动特点相吻合。所以户外运动服饰的款式和结构的设计变化通常是以运动的人体为依据,其结构要能够满足运动的动态需求。

通过观察人体运动的状态,就会发现,在不同运动类别中人体会有各种各样的运动部位和方向,所以与以人静止为标准而设计的服装相比,户外运动服饰的轮廓、结构和款式更加立体化,为人体运动保留的空间更大。如手臂的伸举和弯曲动作在户外运动中是很常见的动作,它关系到服装的袖子、体侧等部位的设计。手臂的运动幅度决定了袖子腋下的设计特别是结构设计是否具有舒适感。此外,在腋下的衣片上配以弹性材料、透气网布还可以增加服装的运动舒适感、透气调温性能,如图4-2-5和图4-2-6所示。裤装的膝盖部位和上装衣袖的肘部都要考虑运动肢体活动的需要,可以根据运动姿态的特点进行立体弯曲板型的设计。膝盖、肘部、肩部和服装的下摆也是在防磨设计时主要考虑的部位。

图4-2-5　越野跑服装的腋下结构设计

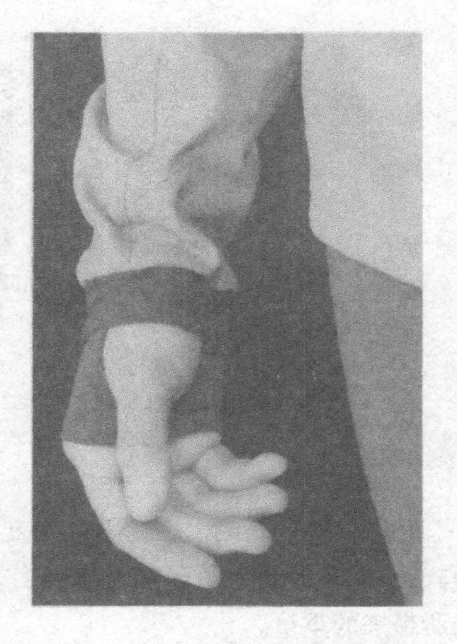

图4-2-6　越野跑服装的袖口防寒设计

(二)多功能组合与轻量化需求

户外服装设计中常常使用多功能组合的设计手法,从实质上来讲,这种设计手法是应用了加减法的手段把两件物品变成一件物品或把一件物品拆成两件物品。

如三合一套装即把抓绒保暖层与两层冲锋衣用可拆卸拉链在门襟处连接，特别寒冷时把抓绒层装上，不是很冷的情况下可以只穿冲锋衣或只穿抓绒衣，而速干裤在大腿部装可拆卸拉链后便可灵活地把长裤变成短裤。

可以说，多功能组合只是户外装备轻量化发展趋势的一种表现，而轻量化则是代表目前户外装备发展和用户需求的一个主要方向。服装类产品的轻量化主要来自款式的多用途组合、制造工艺的发展与面料功能的多样性。这里简单地把它分为以下三部分。

1. 款式功能

轻量化服装具有功能多样性的特点，它可以让一件服装同时达到防水、防风、透气、保暖等多种功能于一体，让使用者在户外既不必携带更多的衣物来达到防护效果，又减少了更换衣物所带来的麻烦。如一衣多穿或可拆卸设计等(图4－2－7～图4－2－9)，正如前文所述的多功能组合设计手法。而且，在设计上最强调结构简约，线条极尽简单，服装以突出功能为基础的，所以在这类服装上几乎找不到任何多余的装饰性设计。

图4－2－7　可折叠设计

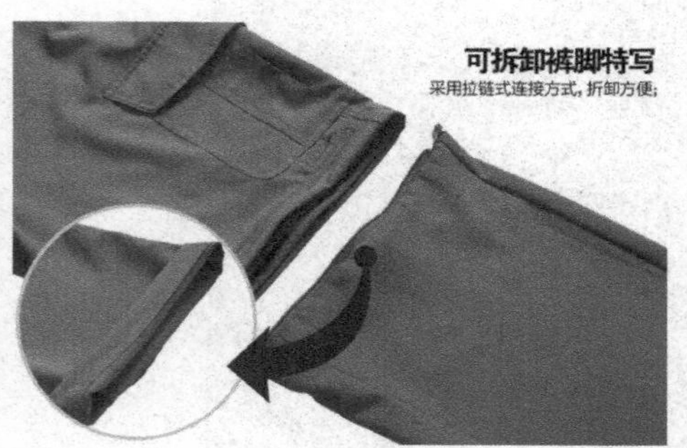

图4－2－8　可拆卸设计

2. 制造工艺

热贴合工艺是当下在面料缝制方面最流行的工艺，它完全脱离传统的针线缝合模式，不仅在缝制上拥有传统缝线工艺无可比拟的密封性和牢固性，更加节省了缝线所带来的重量。

3. 面料

户外服装轻量化面料在保证防水、透气性能的前提下，追求让服装真正轻薄起来。目前，对于轻量化服装这个产品线来说，很多厂家都有自己的专利面料。市场上较常见的专业面料如Gore公司的Paclite面料、Toray公司的DT面料等。就Paclite

两件一起穿

内胆单穿

外套单穿

图4－2－9　应用加减法的可拆卸设计

来说，用其制作的上衣不超过550g，裤子不超过450g。而轻量化的风衣材料基本使用的都是5.6tex（50旦）以下超强尼龙。当户外服装变为轻薄如蝉翼时，对于长途跋涉过程中“斤斤计较”的户外消费者来说无疑是最想企及的。

（三）细节设计

1. 拼缝

拼缝是服装衣片拼合的衔接部分，户外运动服装的设计细节上拼缝是不能忽视的，在这些缝合部位要根据服装的具体特点进行设计。例如，一些缝合部分要通过线迹的设计进行牢固和强化，而有些部分通过色彩的变化和线迹的变化也起到装饰的作用。紧贴身体的运动服装也需要无缝一体的制造技术为身体带来更顺滑舒适的感觉。防雨夹克的肩部通常要避免拼缝的出现，这是由于肩部是雨水主要的接触部位。激光裁剪技术也增加了面料拼缝的变化，不用锁边的面料在缝合时可以任意进行变化，面料的裁剪边缘也可以呈现出曲线或是齿状的不同效果（图4－2－10～图4－2－12）。

图4－2－10　拼缝处的防水胶条处理

2. 口袋

在时装设计中，多样化的口袋设计是很关键的一部分，在户外运动服饰的设计中，由于结合功能和审美的需要，口袋的设计便显得更加丰富多彩。口袋的位置、大小，袋口的开口方向、容量等都要根据功能需要进行设计。还有一些功能性的服装，有着极其简洁的外部设计，但是在服装的内部却设计了功能多变的多个口袋，可以

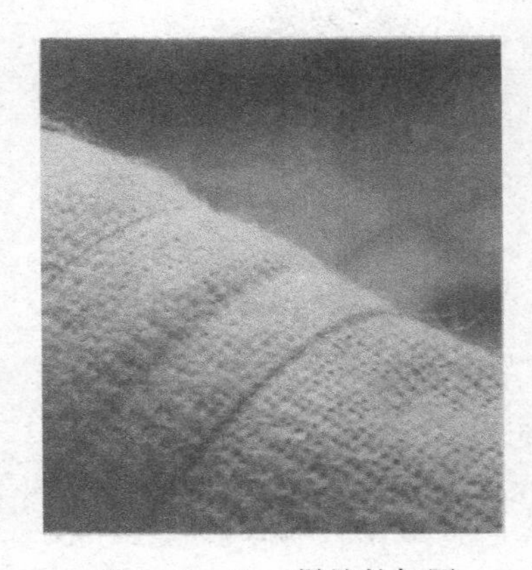

图 4－2－11　拼缝的加固处理

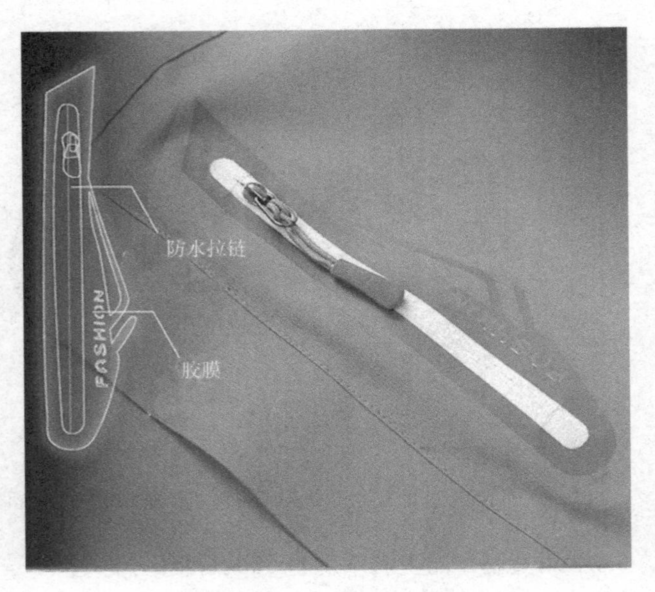

图 4－2－12　激光裁剪技术在拼缝中的应用

满足放置手机、音乐播放器、护照、信用卡、地图、钥匙等各种需要。口袋设计有着多种多样的材料，选用暖和的抓绒做口袋的衬里是为在寒冷的冬季给双手带来温暖、舒适的手感，既适用于极限运动的服装，也流行于都市的休闲运动服装。超轻的网布口袋，特别是具有吸湿速干功能的网布口袋具有很好的透气功能，也同样结实耐用。

口袋的位置设计也是以人体运动时的行为习惯为根据的。通过观察就会发现，服装前胸的口袋开口方向经常是水平或垂直的，其不便之处是水平的开口方向妨碍手的伸曲动作，垂直的开口方向又使口袋内的物体容易滑落。以手的运动特点为依据，前胸口袋的开口方向应该是向外倾斜的，这样的口袋既方便伸取，又使袋内的物体不宜滑落，满足了穿着者单手操作的要求。

此外，还有一些从功能角度出发设计的极具特色的口袋，如利用纽扣和尼龙搭扣设计的可移动式口袋，可以根据需要拆卸或安装在户外服装上。整体的服装可以折叠进服装自带的口袋中，方便服装的收纳（图 4－2－13）。隐藏在服装的门襟内或者在腰部的安全隐形口袋为旅行装增加功能。由防水材料用无缝黏合技术制成的防水口袋为沙滩运动服装带来便利。口袋的形状、结构和位置能够根据服装的功能和款式风格进行多样的变化，这些多样的设计在发挥功能的同时还丰富了运动服装的款式设计，增加了服装的审美功能（图 4－2－14～图 4－2－16）。

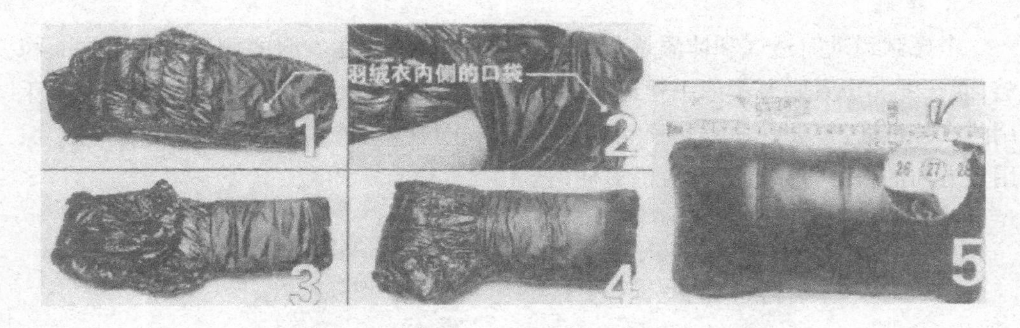

图4－2－13　可折叠为包的内袋设计

图4－2－14　方便存放物品的口袋设计

图4－2－15　方便存放各种数码产品的口袋设计

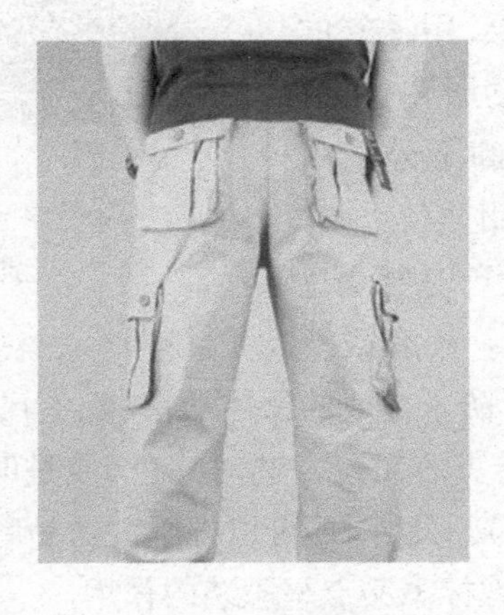

图4－2－16　方便攀岩的后口袋设计

3. 拉链

考虑到运动时透气和体温调节的需要，冲锋衣外套在衣服的侧面和腋下都有拉链，而长度和位置则要考虑手臂运动的舒适性（图 4 – 2 – 17）。而在冲锋衣夹克上采用防水拉链时，还要在拉链的顶端设计一个防止拉链头渗漏的拉链防水仓。服装采用双方向的拉链也是为了穿脱的方便（图 4 – 2 – 18）。

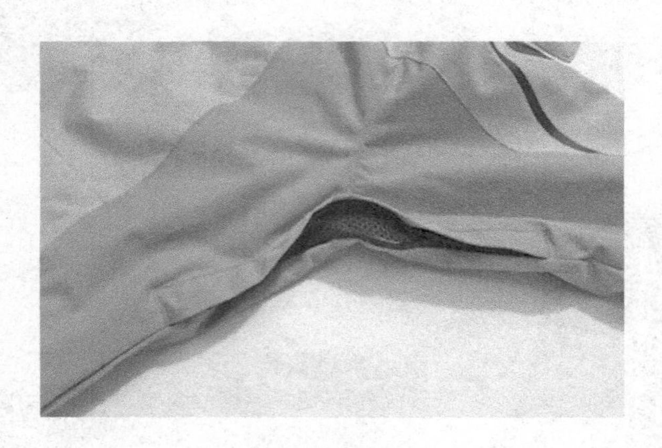

图 4 – 2 – 17　方便散热的腋下拉链设计

另外，很多户外运动的长裤利用拉链的拆卸功能使裤长可以改变成短裤或七分裤。户外夹克的袖子也利用拉链的拆卸功能变成马甲。拉链的拆卸功能还能为服装增加或减少保暖层，用透气的网布和面料制作的两层运动服装，可以根据温度的变化安装或拆卸下外层衣片，以达到调温和透气的作用。

图 4 – 2 – 18　方便背带裤脱卸的拉链设计

拉链头也是户外服装设计时要注意的一个细节（图 4 – 2 – 19）。外套或滑雪服的口袋采用拉链是为了防止存放的物体散落，配上尺寸大些的拉链头更便于冬天戴手套时打开口袋。拉链头的颜色常选对比色，或是明快的色彩，起到装饰和容易识别的作用（图 4 – 2 – 20）。此外，还可以把服装的品牌标志运用到拉链头的设计上，这样可以起到既突出品牌标志又点缀服装的作用。

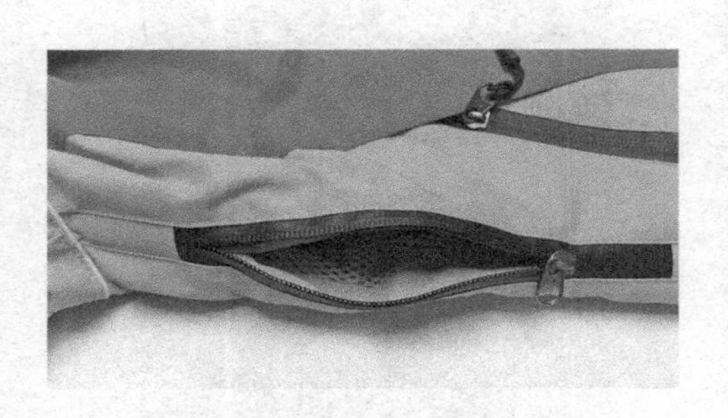

图4－2－19　结合分割的拉链头盖设计

图4－2－20　对比色的拉链设计

4. **调节设计**

户外运动服饰在设计时，因保暖、防风的防护需求，十分注重开发尼龙搭扣、绳带或其他收缩调节细节。这些领子、袖口、帽子、腰部、裤口等很多户外服装部位的功能性的调节设计往往是重点部分，此外，这些调节设计还能通过变化服装的款式和轮廓，增加运动服装的时尚感。具体来讲，尼龙搭扣、弹力绳和调节扣等服装部件的增加和设计是服装调节功能的重要实现手段，这些调节的小工具在色彩、材料的选择上也要和服装整体协调，色彩可以更加醒目和活泼。此外，在设计过程中还应注意到这些调节设计不能成为阻碍运动的绊脚石，如尼龙搭扣的材料要注意采用不易刮伤、手感柔软的新型材料，绳带设计的多余部分要尽量能够收纳与隐藏等（图4－2－21）。

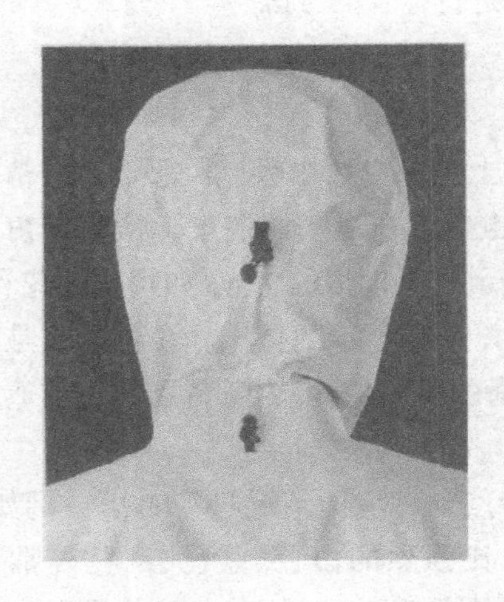

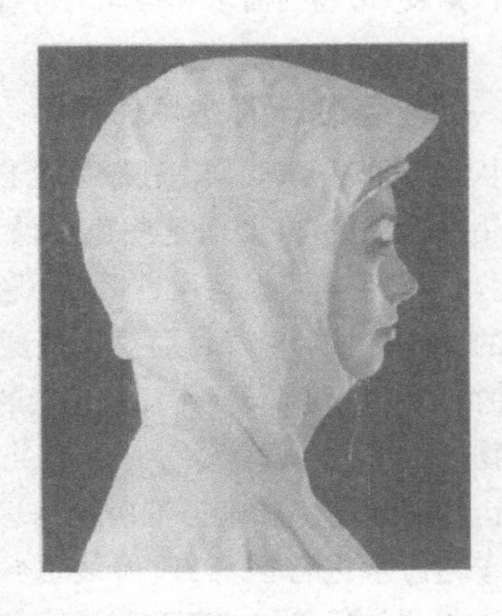

图4－2－21　可调节帽子长短和维度的弹力绳设计

5. *反光标*

反光条也是户外运动服饰上的常见设计。在黯淡的视觉条件下，反光材料能够通过反射光源引起注意，从而大大增强在光线较弱的清晨或夜色中运动时的识别。在设计时要注意反光条放置的位置，特别要放在服装的背后，即人的视角不易顾及的区域。由反光材料做成的拉链、品牌标志、滚边、织带和面料，可以灵活运用在运动服装和服饰品的很多部位，在提供安全的同时增加了服装的时尚和创意元素（图4－2－22）。

图4－2－22　反光标在服装上的应用

第三节　户外运动服饰的色彩设计

在运动服装设计中，色彩也是一个极为重要的环节，它不仅要发挥美化功能来满足人们心理审美的需求，还要符合安全因素和穿着特点的需要，同时设计师还要从流行角度、市场的需求和运动的环境等方面进行综合的考虑。

一、色彩设计的防护作用

从安全角度考虑，人们在服装色彩的选择上从大自然中吸取灵感，向动、植物们学习用色彩保护自己，而这些色彩设计习惯也应用在运动服装上。从仿生角度出发，运动服装色彩可以运用自然界中色彩的警示或是模拟的特点，如植物的花和叶，动物的身体有时出现醒目而对比强烈的色彩以起到警示的作用。在狩猎或是野外考察时，人们多选择与自然环境相近的色彩，为的是形成伪装色，特别在打猎或是观察动物时不易被动物察觉。

运动服装的色彩设计可以根据运动的特点和环境的情况进行考虑。例如，为了易于与海水进行区分，航海装也常运用对比强烈的白色、蓝色、红色等常见色彩。滑雪装就运用鲜艳而醒目的配色与洁白的雪地形成对比，在赋予滑雪装亮丽而动感的视觉形象的同时也起到目标明显、在安全救援时易于寻找的作用（图4－

3－1）。随着纺织科技的研究与发展，高性能的面料还能够根据人和环境的需要进行色彩变化。

图4－3－1 户外服装色彩的防护作用

二、色彩设计的视觉心理

在人们的观察过程中，服装色彩形成了视觉的心理感受，而有些色彩感受则逐渐形成了一定的规律。这一点得到了设计师的充分挖掘和利用。如有些色彩明亮、艳丽，让人感到兴奋；有些色彩柔和、单调，让人觉得安静、沉稳。而同样的物体，由于色彩的不同，还能让人产生不同的轻重感觉，黑色就是一个典型的例子。由于色彩带给人的心理感受不同，所以设计师需要结合不同的气候条件、不同的运动服装装的特点进行考虑。如活泼、快节奏的运动服装多选择容易引起人兴奋的色彩；节奏轻柔、舒缓的运动，其服装多采用沉静的色彩；寒冷的冬季，深色和暖色的运动服装从视觉上让人感觉温暖而有活力；炎热的夏季，运用冷色调色彩的运动服装能让人感觉凉爽。

户外运动服饰在设计上还可以充分运用色彩搭配产生的视错觉，从而达到美化体型等作用。此外，在具体的色相使用上还应注意到不同色彩的文化内涵及对人产生的不同作用。

太阳投射到地球的光线中，绿色光占50%以上，是大部分植物的颜色，也是运动服装中常用的色彩。绿色是大自然中最常见的色彩，在人们心目中，绿色象征着生命、和平、新鲜、永恒、安全。这样的色彩让人联想到自然的清新和美好，常用于运动、休闲的服装中。它也是欧洲许多国家的足球队服的代表色。绿色属于冷色系，和蓝色、紫色排在一起，色彩心理学家的研究表明穿着绿色能使人舒服、得到抚慰等系列心理反应。研究还表明，绿色能降低血压，从生理上和情绪上对人的心脏非常有益。它的“稳定特性”使人在生理上产生平衡和放松的作用，调整人的生理循环。而巴西的国旗选用黄绿色，它活泼、充满活力，也象征着巴西的完美球技，是青少年喜欢的运动服装色彩。橄榄绿，是军装中最常使用的色彩。

红色在人们的心理上象征着好斗、活泼而热情洋溢的性格，代表刺激、活力和动力，给人充满活力、速度的感觉。在生理上，红色及其他暖色能导致血压升高、脉搏加速、呼吸加快和肌肉紧张。当人感到疲劳的时候，穿上红色服装能够增加体能和精力，即使不是疲劳的状态，红色在心理和生理上仍然有提升精力的作用，同时也给他人一种充满活力的感觉。

红色趋向于黄色时，近似朱红会给人热烈、燥热的感觉，不适合大面积使用。红色倾向于高明度的粉红色时更加柔和、明快，是常用的运动服装色彩。它还有着广泛的调和性，易于和很多色彩进行搭配。粉色从色彩心理上给人不易察觉的优雅感，同时它还代表了温柔的吸引力、爱和亲情。粉色对女性、儿童，特别是小女孩有很强的影响。这样和谐的色彩给人舒缓和安静的心理感受，因此常用于节奏柔和的运动中。

黄色是色彩波长最长的色彩，其次是白色、红色、绿色、蓝色和黑色。这些主要色彩易吸引人的视线，它们的搭配变化使运动服装的色彩更加有时尚感。强烈的补色对比会带来视觉的冲击力，一方面增加运动时的可视性；另一方面也容易使人从色彩心理上更加兴奋。色彩条纹带给人鲜明的节奏感，这正与运动服装代表的速度与活力相吻合。

运动服装色彩心理还与运动特有的传统用色习惯有紧密的联系，如白色就是网球服装的专属色彩。色彩在不同的国家和地域也有着不同的象征含义，例如蓝色是天空和大海的色彩，又是幸福和希望的象征，深受西方国家的喜爱。如图 4－3－2 所示，蓝色是地中海国家意大利国家足球队的代表色，人们都爱称之为“蓝色军团”。代表中国参加比赛的

图 4－3－2　意大利国家足球队

运动服装常选用红色为主色(图 4-3-3),这是因为在中国红色象征着幸福和喜庆,也是我国的国旗色彩,在西方专门称这样的色彩为中国红。当运动员为祖国取得优异的成绩时,常高举国旗表示庆贺。因此,在考虑运动服装色彩设计时,结合目标市场的文化背景和社会传统是很有必要的。

图 4-3-3　2004 年奥运会中国田径队队服

在色彩组合应用方面,色彩强烈的补色对比和对比色组合会带来视觉的冲击力,一方面增加运动时的可视性;另一方面也使人从色彩心理上更加兴奋,是竞技性户外服装常用的色彩手段(图 4-3-4),而休闲类户外服装多使用邻近色组合或调和色组合(图 4-3-5)。

图 4-3-4　竞技性户外运动中的色彩

图 4-3-5　休闲类户外运动中的色彩

三、色彩设计的时尚感

色彩的选择会为运动服装的设计带来不同的风格,运动服装色彩在满足功能需要的同时也与时尚有紧密的联系。运动服装的色彩有时为了更醒目和易识别而选择鲜艳和突出的色彩,例如红色或是明黄色,随着运动服装的流行成为时尚服装的色彩。运动服装中运用的鲜艳的彩条或是鲜明的色彩对比是用来表达运动的速度和活力的。而顶级时装品牌 Prada，就采用一条红色的彩条作为品牌的标志，而 Prada 品牌中注重功能性、朴素而简洁的风格都受运动服装的启发。

洋红、电蓝、闪黄、黑色或灰色用反光条进行搭配的色彩运用是运动服装色彩常见的手段。这既是运动安全的需要，也能带给人们运动的时尚感觉，使人们一看到这些富有动感的色彩就能联想到运动服装的色彩。

第四节　户外运动服饰的面料设计

一、高新技术促进功能性面料发展

目前，天然纤维和人造纤维是运动服装面料的主要选择。而随着社会的不断发展和科技的不断进步，从 19 世纪开始，出现了利用天然的高分子物质或合成的高分子物质，经化学工艺加工而取得的化学纤维。其中，人造纤维是化学纤维中最大的生产品种，它是利用含有纤维素或蛋白质的天然高分子物质如木材、蔗渣、芦苇、大豆、乳酪等为原料，经化学和机械加工而成，如天丝。合成纤维是化学纤维中的另外一大类，它是石油化工工业和炼焦工业中的副产品。例如涤纶、锦纶、腈纶、维纶、丙纶、氯纶等。自 20 世纪 50 年代起，世界上的化学纤维得到迅速发展，各种特殊性能的纤维也应运而生，对功能性纺织品的发展起到了极大的推动作用。近几年又出现了保健型和环保型纤维，以满足人们生活水平的不断提高。

（一）纤维性能的提高

1. *科技—天然纤维*

人体在运动中，体温的升高和大量的出汗需要具备良好的传递湿气和速干性面料，而天然纤维有良好的吸湿性，但是却很难干，并易粘贴在皮肤上，给人带来不适。早期的化学纤维模仿天然纤维的外形，但在性能上却存在很多的弊病，如不能吸水、透气性差、易起静电、手感差等。

随着更深一步的研究，发现模仿天然纤维的超细纤维兼具了天然纤维和化学纤维的优点，广泛应用在运动服装领域。它的纤维极细，织物因而更为柔软，因此表面积的增大，毛细效应也得到增强。这样的纤维能存积、疏导和蒸发更多的水分或容纳其他的微粒，更容易与其他物质结合，因而既带给人舒适的手感又使人感受到新科技的舒适，人们称这类新型材料为科技—天然材料，如日本东丽纺织公司开发的 Fildsensor 吸湿速干材料、我国海天轻纺集团最新推出的 CoolDry 等。

2. 高科技功能性的纤维

高科技功能性纤维就是综合了各个领域最新的实用技术，把包括物理、化学、生物、机电领域的高科技引入纤维的合成、加工及应用中而产生的新型的功能性纤维。这些功能性的纤维除了具有常规纤维的柔软、保暖等舒适的性能外，还有常规纤维没有或不足的一些性能，如抗紫外线、防油污、抗菌、防水、高弹性、高吸湿透气性和绿色环保等。

随着纺织技术的新发展和一系列后整理技术的创新，近几年大批的高性能纤维被应用到运动服装面料上。

(1)保暖的远红外线纤维。到达地球表面的太阳光中有95%是红外线，它使地球拥有了最宜生物生长的温度，红外线和远红外线能够改善人体的微循环，对人体有一定的保健作用。运用远红外线纤维制成的纺织品在常温下有较高的远红外发射率，引起谐振，增加与人体之间空气的温度。远红外线纤维可以广泛地应用于内衣、外衣、袜子、护腰等。

(2)防紫外线纤维。防止紫外线可以通过吸收或是反射的方法。将紫外线屏蔽剂的超细粉末与纤维共同混合后，增强纤维对紫外线的反射和散射作用。用抗紫外线纤维制成的面料可以应用于户外运动服饰装、防护性工作服装和休闲服饰中。

(3)抗菌纤维。含银、铜、镍铬合金的金属丝经过加工制成的纤维，这种纤维能较好地防止运动后细菌和气味的产生。抗菌纤维制成的运动内衣、袜子等产品含有金属纤维。这种纤维有很好的抗静电性能、防微波辐射性能，与带负电荷的细菌相互吸引，使细菌活体运动受阻，抑制细菌的生长。

(二)面料组织结构的改变

面料的性能随面料组织结构的种类和变化而增加，同时也增加了运动服装的舒适和保护性能。一些气候寒冷的运动环境，对运动服装装的保暖提出了很高的要求。服装要既保暖又轻便，透湿性和速干性还要好，才能保护运动员不受恶劣条件的伤害。一些日常用的保暖材料由于在透湿和速干性及重量上不能满足要求，进而开发了一些新型的功能性面料。这些面料在组织结构上进行了改变，如高密度绒面结构的面料就是一种在运动服装中常用的提供轻便和保暖的重要面料。面料表面的绒面在密度、长度上有很多的变化，能够满足不同程度保暖的需求，从而应用于不同类型和用途的运动服装上。

此外，这类面料还可以用于服装的不同位置。例如，用于外部，绒面能够形成一个阻隔层，减缓体内热量的散失；作为衬里，给皮肤柔软舒适的感觉；应用于内部，能迅速将人体皮肤上的湿气吸走，并给人保暖和轻盈的感觉。

目前，纺织技术的开发，在绒面织物的背面采用了尼龙材料和吸湿性很强的人造纤维，提高了它的速干性和牢固性，能更适合运动服装的需要。Fleece（也称“摇粒绒”或是“抓绒”）就是一种在运动服装中常见的拉毛绒面组织面料。它的成分一般是百分之百聚酯纤维，有速干、重量轻、手感柔软的特点。抓绒是在织成坯布后，先染色，再进行拉毛、梳毛、剪毛、摇粒等多种复杂后整理加工处理后的一种面料，正面的特点是绒面蓬松密集而又不易掉毛、起球，背面拉毛稀疏匀称，绒毛短少，组织纹理清晰、蓬松弹性特好。由于组织结构的特点使抓绒有很好的保暖性和轻便性；同时又比传统的保暖材料——羊毛更加快干和便于洗护。

传统的抓绒防风性不好，为解决这一问题，可以将抓绒与其他面料进行复合处理，提高其防风和御寒的效果。美国戈尔公司出品的 windStopper 面料就是将抓绒面料与机织面料复合，在面料的中间采用了一种能够防风的薄膜，提高了面料的防风性能。这种复合面料与一般的抓绒面料相比，其防风性能和保暖性能都有很大的提高。

运用复合的方式，抓绒材料还可以与牛仔布复合、与抓绒面料复合、与网眼布复合中间加防水透气膜等不同的组合方式，带来新的功能变化。拓宽应用的范围。

（三）多样的面料后整理技术

在体育竞技场上，运动员穿着的专业运动比赛装是保持运动员良好的身体状态，保障和提高体育成绩的重要因素。在日常的健身和休闲运动中，人们注重舒适和轻便的感受及运动服装的手感和美观。而在进行像冰雪运动、登山运动等探险和极限的运动时，十分恶劣的运动环境和气候条件及不可预见的危险（雪崩、沙暴）等都会危及人的生命安全。无论是竞技场上比赛装的研发，还是在日常运动中的舒适和轻便性能，甚至是在极限条件下能够挽救运动员生命的高科技运动服装，多样的面料后整理技术都是提高材料性能的不可缺少的环节。不断发展进步的后整理技术现在已经广泛应用在运动服装面料的领域，它不但改善了面料的各种性能，还注重保留面料舒适和天然的手感。

瑞士功能性面料生产商 Schoeller 开发出针对舒适性和防护性的系列高性能面料，目前可达到透气、透湿、抗异味、抗紫外线、防水及抗皱等性能。近年来 Schoeller 公司推出的 3XDRY 透湿速干系列产品，种类丰富，是具有自动的控湿能力、防水防尘、透气性好的材料，为运动服装增加了高性能和舒适感。

历史上的户外运动或是军事作战中，运用了很多的传统手法来提高面料的防风、保暖、防水的性能。其对面料的后处理技术已经非常多样和全面。通常面料后整理技术能在一定程度上改变面料的厚度、柔软或硬度或增加面料手感的舒适度。

现在,一些像树脂整理、涂层整理、层压整理等后处理技术增加了材料的多方面性能。例如,运用三明治式的层压整理技术,将 PTFE 微孔膜与面料相结合,使三层面料既能防水又能透气,已经成为冰雪运动、户外运动服饰装不可缺少的材料。而广泛应用的超细纤维增加了面料的吸湿性能和柔软的手感,通过后整理技术还能达到抗菌、防紫外线和防虫等功能而为大家所喜爱。

新的整理技术可以使面料不受纤维性能和季节的局限,像棉、丝或麻这些天然纤维都可以具有速干、不易起皱和防污等性能。夏季的典型面料棉布和冬天的保暖材料羊毛在经过后整理后,羊毛织物可以成为夏季运动服装的选择,具有凉爽、轻便、速干的特点,而处理后的棉布在保持自然外观的同时又具有防水、保暖的高性能特点。那些肉眼无法看到的防紫外线、抗菌、防污的后整理技术上也经常应用在天然纤维和人造纤维的各种面料上。由于这些新型的后整理技术的出现,一件从外观到手感上都像天然纤维的日常服装有可能就是性能强大的专业性的运动服装的设想已经能够实现了。

二、运动服装常用的纤维和织物

(一)运动服装常用纤维

纤维分为天然纤维和化学纤维两大类,前者具有较好的吸湿性、触感、亲肤性,后者有明显的塑料感,几乎不太吸水,不过也因此比天然衣料速干很多。

1. 运动服装常用的天然纤维

(1)棉。棉是全世界最多人穿着且产量最大的天然纤维,吸湿强但干得慢,棉质在低运动量和高温时能充分发挥调节温湿度的能力,在休闲运动服饰中会经常使用。

(2)羽绒。羽绒纤维的保暖性最强,因是绒类,需要在防漏绒的高密织物面料中,以各种间隔形态制成羽绒衣,提高防风蓄热能力。羽绒具有极佳的吸湿能力和温湿度控制能力,但受潮后会稍微降低蓬松度和保暖性,全湿后保暖性尽失,还会带走大量的体热,所以,保持羽绒的干燥极其重要。

(3)羊毛。羊毛是最常见的保暖用天然动物纤维,其复杂的结构使其拥有多重户外活动所需要的功能:温暖感、抗紫外线、防臭抑菌、超强吸湿性、温控能力、轻微受湿后仍具有保暖效果。但因羊毛纤维直径较大,所以传统的羊毛衫穿起来会“扎”,近几年品质更为细致的美利奴羊毛渐渐流行起来,越来越受到欢迎。

2. 运动服装常用的化学纤维

化学纤维几乎不吸水,非常速干,大多由石油化工原料制成,所以易产生静电。亲水性较高的有人造纤维 Rayon 和醋酸纤维,最常见的两大合成纤维是涤纶(Polyester)和尼龙(Nylon)。

(1)尼龙(Nylon)/锦纶(Polyamide,PA)。锦纶因其较好的亲肤性,常用于高级内衣、贴身衣物、耐磨的外套和裤子上,在含水率上比涤纶高。

(2)涤纶(Polyester)/聚酯纤维(PES)。涤纶是用途广泛的人工合成纤维,也是户外用途较多的纤维面料。

(3)腈纶(Acrylic)。腈纶又称人造羊毛,具有较好的保暖性,但易起球,改善后可增加舒适感、排汗,但抗起球性差,常常单独或与羊毛混纺织成帽子、手套、袜子等。

(4)弹性纤维——氨纶(Spandex)/聚氨酯(Polyurethane,PU)。大部分弹性纤维都以PU为原料,最知名的就是杜邦公司的莱卡(Lycra),由于单根弹性纤维太脆弱无法直接使用,所以往往和其他纤维结合在一起使用。PU的吸水率极低,因此还可以制成防水透气膜、涂层、操场跑道及人造皮革,用途十分广泛。

(5)芳纶(Aramid)。芳纶具有较强的阻燃性,在高温状态下尺寸稳定,也是极佳的电绝缘体,化学稳定性好、易染色,有超强的抗辐射性,是最常见的超耐磨纤维,主要用于极端气候环境或耐磨辅助使用上。

(6)丙纶、聚丙烯(Polypropylene,PP)。最早的排汗衣是将超薄的PP网布织在天然纤维布料的内层。因为PP具有超低含水率的特性,所以湿气外传导的速度超快,但它也同时有易臭和熔点低的问题,且烤火时易被火星熔破,因此很多被涤纶所取代。随着这些缺点的逐渐被改善,现在又重返市场。

(7)黏胶纤维(Rayon)。黏胶纤维是最早被发明的人造纤维,早期存在浸湿后变硬、缩水,生产时需使用高毒性溶剂等缺点,直到被制成环保化,同时改善浸湿后变硬不好保养等问题后才大受欢迎。其原料可来自各种天然纤维,各项特征类似棉纤维但比棉纤维更为优异,代表面料有天丝(Tencel)和莫代尔(Modal)。

(8)乙纶、聚乙烯(Polyethylene,PE)。常见的塑料制品和透明薄膜上都可以看见PE的足迹。低密度的聚乙烯常用来生产塑料袋,高密度的聚乙烯则可作为背包的强韧轻量背板。哥伦比亚推出的直接透气防水薄膜Omni-Dry就是使用超轻的PE。

(二)运动服装常用织物

1. 吸湿排汗面料

导湿速干织物的原理可分为两类:一类是通过汗水在织物平面内快速扩散,增大汗水的蒸发面积,实现织物的导湿速干;另一类是通过毛细效应,将织物内层的汗水吸到织物外层,由织物外层蒸发,实现织物的导湿速干。

(1)单层单向吸湿排汗速干织物。利用织物组织结构,结合不同亲疏水性能经纬纱线的适当搭配,可以构造出单层单向吸湿排汗速干织物。通过比较研究发现,当织物中含有一定量的疏水性纤维时,织物的吸湿能力虽有小幅度下降,但不足以影响织物的吸湿性;而织物的透湿能力,干燥能力均有大的提高,且这种效应随着织物中疏水性纤维含量的增加有增加的趋势。当疏水性纤维的含量达到50%时,因织物表面疏水性纤维含量偏高而使织物的润湿能力有所降低。此外,织物正反两面的亲疏水性能差异大,则织物两面之间形成的导湿梯度大,有助于水分的单向导出,织物的单向导湿能力就越强。

(2)多层吸湿排汗速干织物。这类织物的表层采用较细毛细管的细特纱,里层采用较粗毛细管的粗特纱,则表层的毛细管引力大于里层,从而构成表层与里层的临界面上存在引力差异,使液体从里层吸到表层。如 Nike 的 Sphere 系列面料,采用独特三维编织结构和功能面料相结合。内部形态类似细胞,每个独立单元可以是圆形或六角形,贴近皮肤处采用吸汗性能极佳的纤维,外部为微孔排汗面料。穿着时,内层凸起结构保证流汗时绝不粘身,提供极强排汗透气功能(图 4-4-1)。

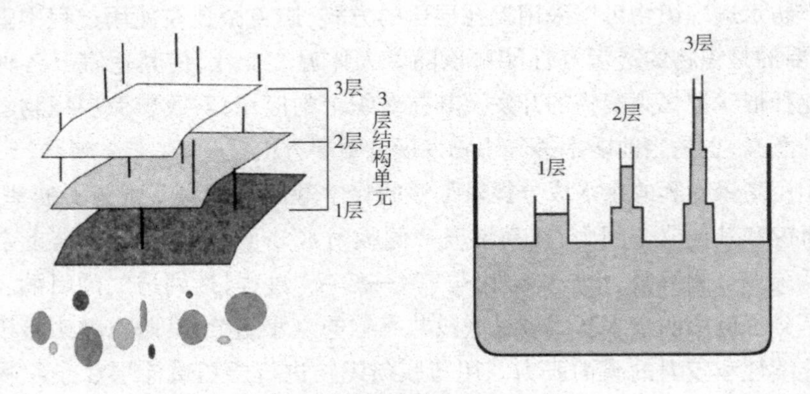

图 4-4-1 多层吸湿排汗速干织物排汗示意图

2. 防水透湿面料

防水透湿面料是指具有使水滴(或液滴)不能渗入织物,而人体散发的汗气能通过织物的孔隙扩散传递到外界,不致在衣服和皮肤间积累或冷凝,并具有防风保暖的功能性织物。它是人类为抵御恶劣环境的侵害,不断提高自我保护的情况下出现的,集防风、雨、雪,御寒保暖,美观舒适于一身的功能性纺织品。可分物理透湿和功能透湿,主要有以下四大类。

①采用微孔高聚物薄膜,使薄膜微孔(微孔直径大约 1nm)的孔径介于水滴与湿

气之间，将薄膜与织物复合，赋予织物防水透气功能。微孔的产生有多种方式：可在高聚物上添加填料（如陶瓷）使高聚物与填料之间形成孔隙；可以通过相分离（聚氨酯的湿法）产生微孔；也可通过对薄膜的双向拉伸产生微孔；还可以机械方式利用打孔技术（如激光）使无孔膜形成微孔。

②利用水滴的最小直径与水汽或空气的直径之间的差异来实现，即采用织物的经纬交织间的孔隙或织物复合物的孔径介于水滴最小直径与水汽或空气的直径之间，达到防水透气的目的。基于这一原理设计的防水透气的织物有超细高密织物、特高密度的棉织物等。这类织物的透气类型属于纱线间孔隙的自然扩散。高密织物由于轻薄耐用、透湿性好、柔软、悬垂性好、防风，广泛用于体育、户外休闲活动服装上。

③利用形状记忆高聚物的特性。形状记忆高聚物在玻璃化转变温度 Tg（树脂产生脆性的温度）区域，由于分子链微布朗运动（悬浮微粒永不停息地做无规则运动的现象）而使透气性有质的突变，而且其透气性能随外界温度的变化而变化，即智能化功能，犹如人体皮肤一样，能随着外界温湿度的改变而调节。采用这种形状记忆聚氨酯生产防水透气织物可以采用无孔层压的方式，避免微孔在使用过程中阻塞的缺点，更重要的是织物的透湿气性能可以随着人体温度变化，使其适宜于各种条件下穿着。此种形状记忆高聚物的开发及其在纺织上的应用，对改善涂层织物舒适性具有重要的意义，也是当前防水透气织物发展的重要方向之一。

④利用高聚物膜的亲水成分提供足够的化学基团作为水蒸气分子的基石，水分子由于氢键和其他分子间力，在高湿度一侧吸附水分子，通过高分子链上亲水基团传递到低湿度一侧解吸，形成“吸附—扩散—解吸”过程，达到透气的目的。亲水成分可以是分子链中的亲水基团或是嵌段共聚物的亲水组分，其防水性来自于薄膜自身膜的连续性和较大的膜面张力。用薄膜与织物进行层压或涂层赋予织物防水透气功能。

3. 户外保暖面料

保暖层最常使用的天然纤维是羽绒，因为它是世界上保暖重量比最高的纤维。羊毛价格过高且纤维偏重又不够速干，已渐渐被人造纤维制成的抓绒衣所取代。保暖层使用的化学纤维都是 Polyester，因为其产量最大，成本最低，只要使用适当的织造方法和后处理技术，不论是抓绒或化学纤维填充材料，都能发挥较好的保暖性能。

4. 超耐磨面料

超耐磨就是指面料的耐磨强度极高。决定面料强度的因素主要是两个：一是纱线的强度；二是面料的编织方法和面料的密度。纱线方面，越轻而且越不吸水的纱线强度就越强；面料的密度方面，密度越大其强度及耐磨度就越高；面料的编织方法方面，表面的浮线长度越短其强度及耐磨度就越高。

日常生活中常见的耐磨面料是帆布，但因其重量大且易吸水，在如今追求轻量化的户外领域用得较少。在户外领域常用的耐磨材料有涤纶、尼龙、考杜拉（Cordura）、凯夫拉（Kevlar）。涤纶，特点是质量轻但不耐高温、不吸水、色牢度差；尼龙，强度好、不吸水、色牢度好；考杜拉（Cordura），高强度、质量轻、色牢度好；凯夫拉（Kevlar）是美国杜邦（Dupont）公司研制的一种芳纶纤维材料产品的品牌名，材料原名叫“聚对苯二甲酰对苯二胺”。

第五节　户外运动服饰的整体风格设计

户外服饰在整体风格上与时装或休闲装区分的着眼点是整盘货品的色彩取向和功能取向。

一、色彩取向

根据整盘货品的色彩取向，可以分为休闲风格、日韩风格、欧美风格等。休闲风格在色彩搭配上会借鉴更多休闲类服饰的色彩，其中又可分类成英伦风格、都市风格、田园风格等；日韩风格的色彩搭配更偏向于亮色调的应用及撞色设计，更加年轻化；欧美风格的色彩搭配更偏向于沉稳色调（当然并不是所有欧美户外品牌都是如此的色彩取向）。

二、功能取向

根据功能的取向，可以分为专业户外风格和泛户外风格。

1. 专业户外风格

专业户外风格的设计主要的关注点是产品的户外功能性，包括面料辅料的选择、细节的设计、专业性工艺的设计等，讲究的是更多的专业防护性能，其使用的材料可以说是最顶尖级的材料，加工的工艺也是尽其所能把所有能考虑到的细节都做到尽善尽美。以登山类为例，其代表品牌有始祖鸟（Arc’teryx）、土拨鼠（Marmot）、巴塔哥尼亚（Patagonia）、山浩（Mountain Hard Ware）、攀山鼠（Klattermusen）、猛犸象（Mammut）等。

2. *泛户外风格*

泛户外风格的设计主要的关注点是产品的休闲性,忽略了不必要的功能性细节,更注重的是款式及色彩搭配的时尚性。泛户外风格又可细分为专业时尚与专业休闲类。

(1)专业时尚类。其风格特点是在材料及细节上有足够专业的基础上,增加了更多的紧跟流行的色彩搭配、印花图案、款式造型及细节设计等时尚设计元素,代表品牌有沙乐华(Salewa)、乐飞叶(Lafuma)、觅乐(Millet)、布来亚克(Blackyak)、可隆(Kolonsport)。

(2)专业休闲类。专业休闲类户外品牌的风格特点是考究的功能性材料、细致的功能性细节、休闲时尚的款式特点及色彩,代表品牌有哥伦比亚(Columia)、艾高(Algle)、里昂·比恩(L. L. Bean)、天木兰(Timberland)、北极狐(Fjallraven)等。

三、不同风格的户外品牌及标志

从目前国内户外市场来看,风格的同质化比较严重,而国外知名户外品牌风格定位有较鲜明特色。这也是未来国内户外品牌走出自己特色之路的发展方向。不同风格的户外品牌及标志见表4-5-1。

表4-5-1 国外不同风格户外品牌及标志

	品牌名称	国家	品牌标志
专业户外	始祖鸟(Arc'teryx)	加拿大	ARC'TERYX
	土拨鼠(Marmot)	美国	Marmot

续表

类别		品牌名称	国家	品牌标志
专业户外		巴塔哥尼亚(Patagonia)	美国	
		山浩(Mountain Hard Wear)	美国	
		攀山鼠(Klattermusen)	瑞典	
		猛犸象(Mammut)	瑞士	
		品牌名称	国家	品牌标志
泛户外	专业时尚	沙乐华(Salewa)	德围	
		觅乐(Millet)	法国	
		布来亚克(Blackyak)	韩国	

续表

品牌名称			国家	品牌标志
泛户外	专业时尚	可隆(Kolonsport)	韩国	KOLON SPORT
		乐飞叶(Lafuma)	法国	Lafuma
	专业休闲	哥伦比亚(Columbia)	美国	Columbia
		艾高(Aigle)	法国	AIGLE
		里昂·比恩(L. L. Bean)	美国	L.L.Bean
		天木兰(Timberland)	美国	Timberland
		北极狐(Fjallraven)	瑞典	FJÄLL RÄVEN

第六节　运动服饰设计的程序和方法

一、运动服饰设计程序

如图4-6-1所示，运动服装设计的基本程序包括前期的调研、设计目标的确立、具体的设计、设计的调整、视觉设计的辅助设计。其中，只有充分地进行前期的信息收集和分析工作，才能寻找到设计的落脚点，为设计师确立设计的方向，明确一个设计项目的最终目的。因此，它要求设计师的思维更加严谨，观察敏锐，还要善于在大量的信息中分析出关键点。而一项好的设计还在于设计目标和目的的明确，这要求设计师除了具备对服装的造型、色彩和风格的把握能力外，还要掌握运动的特点、人体生理知识、纺织科技等多方面的知识。从设计研究入手，按照设计的程序一步步深入下去，并对设计方案进行反复的检验和修改，才能最终得到一个在审美和功能上都经得起推敲的设计方案。

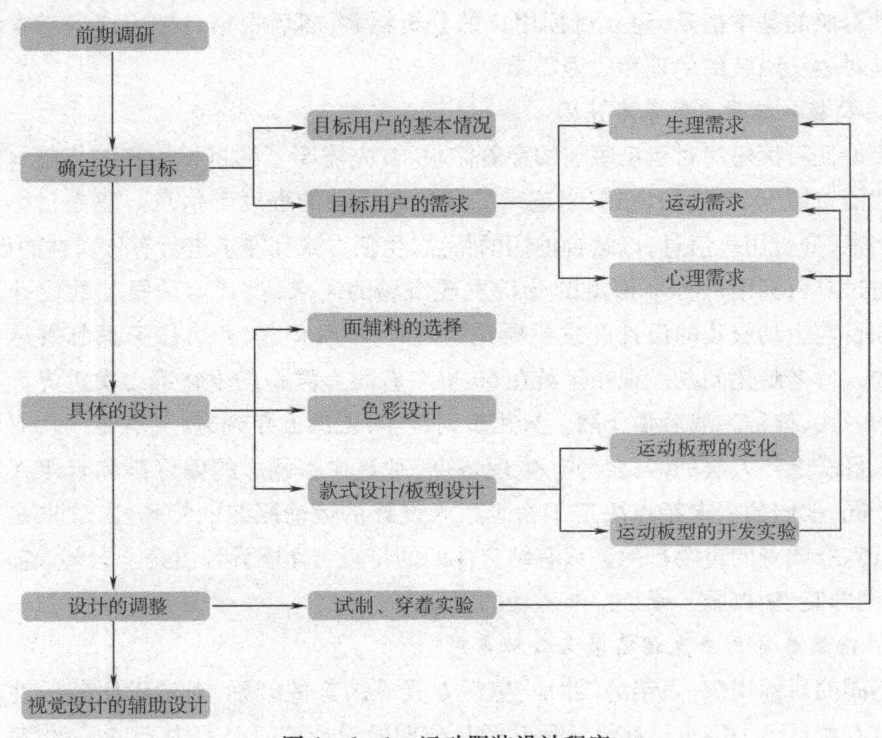

图4-6-1　运动服装设计程序

(一)前期调研

了解目前运动服装与设计方向,这一步骤的内容主要包括以下几点。

(1)运动服装的基本功能、款式特点、材料、尺寸、用色、特殊的细节要求及穿着方式等。

(2)新技术产品的信息及每一季市场上推出的新技术产品的款式特点、设计细节及在材料用法和制造技术上的不同,用户的反应(优、缺点)及价位等必要的信息。

(3)奥运会中大量新的技术信息。

(4)详细划分不同运动特点的运动服装。当设计师明确了具体的设计方向是针对哪一种运动进行设计时,要对所选择运动的需求和特点进行研究,如运动强度、所持续的时间、运动规则、普及程度、历史及文化等信息。

(二)确立设计目标

1. 确定目标用户

设计师在明确了具体设计哪一类型的运动服装,并对相关的信息进行研究后,就要进一步明确目标用户是谁,就是要确定为谁而设计,设计什么。这需要首先掌握设计对象的基本信息,建立目标用户的分析档案,然后根据目标用户的基本情况分析其对运动服装的生理和心理需求。

2. 掌握目标用户的基本情况

要论证目标用户对运动服装的穿着需求,首先需要了解目标用户的年龄、性别、收入和消费情况、居住的地域、兴趣爱好和参与运动的程度等信息。建立目标用户调研档案,分析用户信息,以结合他们的特点、生活方式和需求进行有针对性的设计。

通过对目标用户基本信息的分析发现市场的需求,找到运动服装的设计突破点。如目前运动服装的设计开发主要是针对青少年,但是,西方国家面临着越来越严重的人口老龄化问题。现在年龄在60岁左右的人群是出生在第二次世界大战结束后的一代,被称为战后婴儿潮。从儿童到青年,再从成年到老年,这是一代有代表性的人群。老年人群的体型特点、生理特点、对款式和色彩的偏好都和青年人有很大的不同,他们的需求特点决定了为老年人设计的运动服装的特殊性,这也是对用户进行需求调查的重要目的。只有结合他们的特点. 才能设计出符合老年人需求的泳装、网球装、瑜伽服装或是户外运动的服装。

3. 论证目标用户生理需求与心理需求

不同的目标用户,因年龄、性别、生活方式等因素的区别,对运动服装的性能和审美也有着自己的需求。在设计运动服装前期的设计调研过程中,要进一步对目标用户的需求进行分析。如针对老年人的运动服装款式和风格上也要符合老年人的心理特征，老年用户认可款式大方简洁，尺寸适合，色彩沉稳、含蓄的风格，而不是强调动感、夸张的风格。当然胸围、腰围、臀围的尺寸和比例也要符合老年人的体型特征。

4. 确立设计提要

通过对上述前期调查的总结分析提出一个设计摘要，概括地说明所要进行的设计构思，列出设计的服装产品类型、设计对象的基本要求、设计构思的原则和特点等内容，从而清晰地勾勒出设计思路和特色，明确设计目的。在设计摘要中，设计师首先总结设计对象的特点，还要针对设计对象的特点提出自己的设计方案。从运动服装的款式、风格、色彩和板型特点上与设计对象的需求紧密结合。并运用对应的高技术材料和适合的工艺手段来实现设计构想。

（三）具体设计

当设计师列出设计摘要，明确了设计理念和目的后，就进入了具体的设计环节。

1. 面辅料的选择

由于运动特点的不同，所以所对应的面料的性能、外观和手感都会有所不同。设计师要针对具体的设计目标，根据纺织新技术、面料性能与运动服装的关系、面料在市场上的应用情况及成本等选择适合的材料。此外，还需要了解面料性能与工艺制造的关系，如选择了防水面料就要了解在缝合处进行封胶处理的工艺要求。

2. 色彩设计

设计师在具体设计新的运动服装方案前，需要提出一个色彩的设计方案，要通过色彩来体现设计方案的特点与风格。运动服装的色彩具有审美与实用的双重性，有时色彩的安全性和警示性要更重于装饰性。设计师要了解所设计的运动服装在色彩安全性上的要求，还要尊重运动文化对色彩形成的影响。

3. 款式和板型设计

运动服装的款式和板型设计与运动特点密不可分。户外的滑雪，由于运动环境的要求，使服装要防风雪，保暖性强，板型还要符合滑雪运动的姿势，保证运动的自如。室内的健美操，其运动姿态要求服装面料具备弹性，能清晰地勾勒出体型，以此来帮助运动者辨别运动的姿态是否正确。在前期的设计调研中，设计师已经了解了所设计方向的运动特点，在进行款式和板型的设计时，就要分析具体运动特征如前弯、伸展、蹲式、手臂和腿部的特点以及手臂伸展量、腰部扭转量、膝盖的弯曲量等，据此调整基础的运动服装板型。

（四）设计的调整和最终设计方案

在样衣基本符合设计要求后，设计师还要进一步调整具体的细节，如口袋、拉链的尺寸、位置和角度、滚边的色彩、宽窄的确认，品牌标志的大小和位置等。通过调整直观的样衣设计，设计师将和工艺师一起确认运动服装的最终设计方案和工艺制作要求。最终的设计方案还要营销部门的论证，根据其意见进行调整后才能进行批量生产。

（五）视觉设计的辅助作用

一个新的运动服装设计方案，通过严谨而周密的设计开发过程，最终推向消费者。然而对设计师而言，这项工作还未结束，设计师还要通过视觉设计的辅助来向消费者介绍运动服装的设计特点和科技含量。通常来讲，运动服装的视觉设计经常应用在运动服装的标签上、产品目录和说明书上，以及商店的橱窗、海报、网络上，特别是在网络销售时，运动服装的各种信息都要通过视觉设计传达给消费者。运动服装视觉辅助设计需要用简洁、清晰的方式传递服装的信息。

二、运动服饰设计方法

（一）外轮廓

从功能性的角度出发，不同造型的专业运动服装装适用于不同的运动项目和运动场合。专业运动服装的外轮廓设计，大致可分为X型、H型、Y型和紧身型。

（1）X型。X型的服装主要用于花样滑冰和艺术体操等表演性较强的运动项目中，目的是显示腰部和腿部曲线，以达到较好的表演效果，但这类服装的裙摆不宜过长。

（2）H型。H型服装廓型的围度规格较为宽大，能保证人体拥有较大的随意活动空间，如篮球背心、足球T恤等。篮球、足球等运动项目对服装的拉伸度、排汗性和透气性要求较高，因此H型的廓型能够使服装和人体之间有一定的宽松量，还可以满足人体运动拉伸活动的需求，使服装达到很好的通风效果，有效缓解汗液将衣服贴在身上而产生的不适感。

（3）Y型。Y型廓型的服装的主要机能是解决运动中的防护问题，如橄榄球服、冰球服等。它们的特点是肩部都做了填充处理，夸张的肩部设计是为了防止穿着者在运动过程中摔倒后撞伤。

（4）紧身型。紧身型运动服装的廓型设计是为了利用其最小的廓型截面来最大限度地减小运动的阻力，如游泳衣、体操服、田径服、竞技自行车服等。高档泳衣一般采用立体裁剪的方法，实现完美的贴身效果，减小水的阻力。

（二）细节设计

专业运动服装的款式和细节设计要满足以下几点设计要求：

(1)针对不同的运动项目,设计师在服装不同部位的比例设计上必须进行相应的调整。专业运动服装如篮球服,由于上肢的活动非常激烈,袖窿的深度和宽度较普通服装夸张。

(2)不同的服装部件,在不同的运动中有不同的功能。例如女子体操运动服装的无领设计,则能够起到良好的透气效果;骑行服的领子设计,贴身的领型设计既能够起到减小阻力的作用,又具备很好的防护功能。

(3)不同运动服装的口袋设计所体现的功能性也有所不同,一般的竞技运动服装为了减小服装压力都不做口袋的设计,而网球运动裤多采用较大且斜插口袋的设计,目的在于可以在口袋里放网球,且拿取方便。但对于滑雪服来说,其口袋设计应附有袋盖,以防止东西掉落。

不同运动及不同环境对服装功能的需求是不同的,设计师在设计时必须注意考虑相应的运动及环境的特征。例如,竞技自行车运动服装的背部(也有在前面)一般有口袋,可以放一些小的物品,领型主要有圆领、V 形领、立领、小翻领四种,穿着者可根据骑行运动服装的不同用途选择不同的领型,如在太阳照射强烈的气候里比赛,则可选用立领,能有效防止紫外线的照射对人体产生的伤害。另外,领子的设计一定要贴合人体颈部,否则骑行时易受风阻,导致成绩下滑。再比如滑雪服类,如果使用太大的或凸出衣服表面的口袋,就会增加运动时的阻力,带来不必要的麻烦。而衣袖的长度应以向上伸直手臂后略长于手腕部为标准,袖子不能绷得太紧,袖口松紧需可调节,领型为贴身立领,以防止空气进入衣服。下开口应有双层结构,其中内层需有带防滑橡胶的松紧收口,能紧紧地绷在滑雪靴上,有效地防止进雪。外层内侧有耐磨的硬衬,防止滑行时与滑雪靴互相磕碰而导致外层破损。

运动服装装的运动功能直接关系到运动时的舒适性与实用性,因此设计师必须对运动体位、运动域、运动频度、动体偏移方向等因素进行测量和分析,尤其是专业的运动服装装,必须经过反复试验和修正才能开始设计。例如,骑行服的功能性结构设计一般是紧身设计,以减少骑行时风的阻力。由于骑行时人体上半身向前倾斜,与地面基本保持平行,所以前衣片要较后衣片短些,否则骑行时会造成前片有过多的面料叠加,影响骑行运动;骑行裤内裆部缝合附垫,可减少自行车坐垫对大腿内侧布料的磨损;上衣下摆、袖口和裤口装有防滑带,可防止上衣、袖子、裤子向上滑移。另外,骑行裤为了更好地符合人体骑行动作姿态,一般采用立体剪裁的方式。

(三)面料设计

在体育竞技场上,运动员穿着的专业运动服装是保持运动员良好的身体状态,保证和提高比赛成绩的关键因素。因此,专业运动服装的面料一定要满足舒适性和功能性的要求。舒适性包括服装的吸湿透气性、贴身性、保暖性等;而功能性则包括服装的防护性、低阻力、防霉功能及防紫外线功能等。

(四)色彩设计

专业运动服装装对颜色选择有较高的要求,运动服装的色彩设计不仅能够给比赛带来功能性的作用,还会对运动员和观众的心理产生影响。合理的色彩搭配方案在竞技比赛服设计中非常重要。

1. 色彩的安全性

在竞技赛场上,运动员的安全是非常重要的。从安全性的角度来看,运动服装的色彩设计可以根据运动的特点和环境的情况进行考虑。在竞技运动比赛中,鲜艳亮丽的色彩可以和场景产生强烈的对比,保证运动员出现意外状况时能够得到及时的救援。例如,滑雪装运用鲜艳而醒目的配色与洁白的雪地形成对比,在赋予滑雪装亮丽而动感的视觉形象的同时,也起到了明显目标、使之在安全救援时易于被发现的作用。

2. 色彩的辨别性

在激烈纷争的比赛场,竞赛者需要用醒目、个性化的配色组合,来使自己在与对手的竞争中得到辨识。2005 年 5 月英国科技期刊 *NATURE* 中的一份研究报告——“Red Enhances Human Performance in Contests”(《红色使运动员在竞争中表现更出色》),对 2004 年的雅典奥运会上四个竞赛项目(拳击、跆拳道、摔跤、自由搏击)进行了统计研究。参与对比的 29 个级别中,有 19 个级别拥有更多的红色胜利者,而只有 6 个级别拥有蓝色的优胜者。这是由于色彩对运动员的心理产生了影响,红色令人兴奋,而蓝色使人低沉。像红色、橘色、黄色等都是属于暖色系的色彩,能促成活跃的氛围,使人们容易接受来自外界的影响,体验到温暖和强烈的感觉。同时,这些色彩在环境中更突出、易识别,符合比赛和运动环境的需求。红色、橘色和黄色都是运动服装的常用色。

3. 色彩的象征性

固定的色彩搭配组合可以提高运动服装的色彩可记忆性,反复出现便会给人带来色彩的记忆,赢得观众的色彩记忆是赢得团队形象的基础,如看到黄与绿色的组合就会想到巴西国家足球队,看到蓝色就想到意大利队。所以,提高运动服装的色彩可记忆性,会使运动员在距离较远时也能引人注目。

(五)装饰设计

对一些带有表演性的运动项目的服装来说,其装饰性设计是必不可少的。运动服装装的图案多由数字、字母、运动条纹等纹样组成,这些纹样不仅能够起到装饰性的设计效果,有的还成了服装品牌的品牌标识。如阿迪达斯(Adidas)的胜利的三道杠,正是区别于其他服装的基本特征(图 4 -6 -2)。

图 4－6－2　阿迪达斯胜利的三道杠

1. 队徽、数字、商标等细节装饰设计

队徽、数字和运动条纹都是代表运动特征的图案元素。它们通过不同材质的不同表现形式，向人们传递着时尚信息。现代的设计师给原本单调的运动服装装增添了很多点缀，而这些点缀大多源自各种艺术化的形象、数字、条纹等，通过刺绣、镂空以及各种胶印、丝网印的形式出现。除此以外，将商标以不同的排列形式进行重组，也是当前比较时尚的一种装饰，这些细节装饰设计都能给运动服装设计增添亮点（图 4－6－3）。

图 4－6－3　商标

2. 蕾丝、花边、亮片及镂空装饰设计

这种装饰设计通常被用在艺术性竞技体育服装中。像花样游泳、艺术体操、花样滑冰等，精致的裁剪加上蕾丝点缀，再配以同色系的亮片，既能表达运动精神，又能表现浪漫高贵的气息。特别是泳衣，运用薄纱、蕾丝等性感面料，采用镂空、深挖等剪裁手法，在上装和下装之间加饰一层薄纱，可体现人体若隐若现的腰身，展现一种朦胧之美。

镂空设计搭配透明蕾丝的内衬面料是艺术体操服中常用的装饰手法，这种装饰手法能够大胆地体现出女性的妩媚，增强其艺术性，达到较好的表演效果（图 4－6－4）。

图 4－6－4　艺术体操服上的装饰

3. **镶拼、嵌条和滚边的装饰工艺**

运动服装中，镶拼、嵌条和滚边的装饰工艺也是最常用、最普遍的。用不同颜色的面料进行镶拼，或在两种面料之间进行嵌条工艺的装饰，都能够增强运动服装的立体感。在运动服装中的入场服（图 4－6－5）和球类服装的短裤设计中，设计师经常用到这几种装饰手法。

图 4－6－5　入场服

第五章 户外运动服饰专题开发与策划

第一节 服装市场调查与预测

一、服装市场调查

在对其分析之前，有必要先了解一下到底什么是服装市场调查，严格来说，服装市场调查就是运用科学的方法，有组织、有计划并且系统、全面、准确、及时地收集、整理和分析服装市场现象的各种资料的活动过程。需要特别注意的是，服装市场调查所强调的是过程。从事市场调查，要遵循一定的客观要求，要做到实事求是、全面系统、深入反馈、勤俭节约，使调查工作既落到实处、讲求效果，又注重效率。

（一）服装市场调查机构

一般来说，负责服装市场调查的机构是专门从事市场调查的单位或组织。服装市场调查机构则是受服装企业委托，专门从事服装市场信息调查的专业单位或部门组织。

1. *由各级政府部门组织的机构*

我国最大的市场调查机构为国家统计部门，国家统计局、各级主管部门和地方统计机构负责管理和发布统一的市场调查资料，便于企业了解市场环境变化及发展，指导企业微观经营活动。除了上述所说的之外，为适应经济形势发展的需要，统计部门还相继成立了城市社会经济调查队、农村社会经济调查队、企业调查队和人口调查队等调查队伍。除统计机构外，中央和地方的各级财政、计划、银行、工商、税务等职能部门也都设有各种形式的市场调查机构。

2. *由新闻单位、大学和研究机关组织的机构*

开展独立的市场调查活动，定期或不定期地公布一些市场信息。例如，中国纺织工业联合会主办、中国纺织信息中心承办的中国纺织经济信息网，在这里可以获取最新的有关纺织服装行业的相关信息。

3. 专业性市场调查机构

这种类型的调查机构在国外的数量是很多的，它们的产生是社会分工日益专业化的表现，也是当今信息社会的必然产物。就目前来看，通过调查研究我们可以发现，专业市场调查机构主要有三种类型，其具体内容如表5-1-1所示。

表5-1-1　专业市场调查机构类型

调查机构类别	主要职能
综合性市场调查公司	专门收集各种市场信息，当有关单位和企业需要时，只需交纳一定费用，就可随时获得所需资料。同时，它们也承接各种调查委托，有涉及面广、综合性强的特点
咨询公司	由资深的专家、学者和有丰富实践经验的人员组成，为企业和单位进行诊断，充当顾问。这类公司在为委托方进行服务时，也要进行市场调查，对企业的咨询目标进行可行性分析。当然，它们也可接受企业或单位的委托，代理或参与调查设计和具体调查工作
广告公司的调查部门	为了制作出打动人心的广告、取得良好的广告效果，就要对市场环境和消费者进行调查。广告公司大都设立调查部门，经常大量地承接广告制作和市场调查

我国也逐渐出现了关于此类的调查公司，它们承接市场调查任务，提供商品信息，指导企业生产经营活动，在为社会服务的同时，自身也取得了很好的经济效益。

4. 企业内部的调查机构

就目前的发展形势来看，国外许多大的服装企业和组织，根据生产经营的需要，大都设立了专门的调查机构，市场调查已成为这类企业固定性、经常性的工作。服装公司的营销中心往往都设有市场调查部门，进行定期或不定期市场行情跟踪和调查。

（二）服装市场调查的类型

1. 按不同的结构层次划分

以不同的层次结构为划分标准来对服装市场调查的类型进行划分，可大致将其划分为男装调查、女装调查、童装调查，也可分为运动服装调查、职业装调查、休闲装调查等。

2. 按不同的商品消费目的划分

以不同的商品消费目的为划分标准来对服装市场调查的类型进行划分，可大致将其划分为以下几种类型。

（1）生产者市场。这种类型的调查主要是对为了满足服装加工制造等生产性需要而形成的市场（也被称为服装生产资料市场）的调查。这个市场上交易的商品是服装生产资料，如各种服装面辅料、服装挂饰等。参加交易活动的购买者主要是服装生产企业，购买商品的目的是为了满足服装生产过程中的需要。服装产品的质量与价格跟服装原料质量成本是密切相关的，只有符合标准的原料才能生产出更加优质的服装产品。因此，调查服装生产者市场是非常必要的。

(2)消费者市场。通常所说的消费者主要是指以满足个人生活需求为目的的服装商品购买者和使用者，是服装商品的最终消费者。服装消费者市场调查的目的主要是了解消费者需求数量和结构及其变化。而消费者的需求数量和结构的变化受到多方面因素的影响，如人口、经济、社会文化、购买心理和购买行为等。因此，对消费者市场进行调查，除直接了解需求数量及其结构外，还必须对诸多的影响因素进行调查。

3. 按不同的空间范围划分

以不同的空间范围为划分标准来对服装市场调查的类型进行划分，可大致将其划分为国内市场调查和国际市场调查。国内市场调查则包括全国性调查、地区性调查、城市调查和农村调查。

4. 按不同的调查目的与功能划分

以不同的调查目的与功能为划分标准来对服装市场调查的类型进行划分，可大致将其划分为以下几种类型。

(1)因果性调查。这种类型的调查是调查一个因素的改变是否引起另一个因素改变的研究活动，目的是识别变量之间的因果关系。例如，预期价格、包装及广告费用等对销售额的影响。这项工作要求调研人员对所研究的课题有相当充足的知识，能够判断一种情况出现了，另一种情况会接着发生，并能说明原因所在。

总体上来看，因果关系调查的目的是找出关联现象或变量之间的因果关系。描述性调查可以说明某些现象或变量之间相互关联，但要说明某个变量是否引起或决定着其他变量的变化，就需要用因果关系调查。

(2)描述性调查。这种类型的调查是寻求对“谁”“什么事情”“什么时候”“什么地点”这样一些问题的回答。它可以描述不同消费者群体在需求、态度、行为等方面的差异。描述的结果尽管不能对“为什么”给出回答，但也可用作解决营销问题所需的全部信息。例如，某服装商店了解到该店71%的顾客是年龄在18～44岁之间的女性，并经常带着家人、朋友一起来购买。这种描述性调查提供了重要的决策信息，使商店重视直接向女性开展促销活动。

进行描述性调查的一个假设是调查人员对调查问题状况有非常多的提前了解。实际上，探索性调查和描述性调查的一个关键区别在于描述性调查形成了具体的假设，这样就非常清楚地知道需要哪些信息。

(3)探索性调查。探索性调查通常是小规模调研,目的是确切掌握问题的性质和更好地了解问题发生的环境。这种调查特别有助于把一个大而模糊的问题表达为小而准确的子问题,并识别出需要进一步调研的信息。例如,某服装公司的利润额去年下降了,公司无法一一查知原因,就可用探索性调查来发掘问题,是因为管理出现漏洞、成本提高、促销策略失效、竞争者增加、消费者收入下降,还是因为消费者的偏好改变了等。

5. 按不同的调查时间划分

以不同的调查时间为划分标准来对服装市场调查的类型进行划分可大致将其划分为经常性调查、定期调查、临时性调查。

6. 按不同的流通领域划分

以不同的流通领域为划分标准来对服装市场调查的类型进行划分,可大致将其划分为服装批发市场调查和服装零售市场调查,它们与服装生产者市场调查和服装消费者市场调查紧密联系在一起,形成服装市场调查体系。

(三)服装市场调查的内容

从整体上来看,实际上服装市场调查的内容是十分广泛的,不同类型的企业可以根据调查目的和假设来确定市场调查的内容。一般情况下,影响企业运营的环境主要表现在两个方面,分别是企业内部环境与企业外部环境,下面分别对其进行详细分析。

1. 企业内部环境

所谓企业的内部环境,实际上指的就是服装市场的微观环境,主要表现在三个方面,具体内容如下。

(1)市场需求调查。对于企业来说,市场是非常重要的因素,服装市场需求调查是服装市场调查中最基本的内容,主要包含以下几个方面的内容。

①购买动机和消费行为调查。购买动机是产生消费行为的前提。消费者购买动机调查的目的主要是弄清购买动机产生的各种原因,以便采取相应的诱发措施。一般来说,购买动机受到消费者的心理性格、个人偏好、宗教信仰、文化程度、消费习惯等主观因素影响,这也就是调查的主要内容。

②需求结构调查。需求结构是指消费者将其货币收入用于不同商品消费的比例,它决定消费者的消费投资方向。需求结构受到地区人口构成、家庭规模构成、消费构成、收入人均增长状况、服装商品供应状况、服装价格变化等因素的影响。因此,对需求结构的调查应从以上这几方面进行。

③需求量调查。需求量受到地区人口数量和居民可支配收入的影响。因此,在

调查过程中强调地区人口总数和人均收入水平的调查。

(2)市场供给调查。在调查中既要了解本企业的市场供给能力,也要了解竞争对手和整个市场的服装供给情况,做到知己知彼。具体调查中可着重从以下几个方面入手。

①商品供应范围。服装商品供应范围及其变化,会直接影响商品销售量的变化。范围扩大意味着可能购买本企业商品的用户数量的增加,在正常情况下会带来销售总量的增加;反之,则会使销售总量减少。

②商品供给来源及供应能力。主要包括原料的来源、成品的来源以及本地区和国内外服装企业的技术装备水平、资金状况、管理水平、人员素质等情况的调查。

(3)市场营销活动。一般情况下,市场营销活动主要包含以下几个方面的内容,下面分别对其进行分析。

①产品包装。产品的包装不仅保护产品、方便物流,更重要的是它能够促进服装的销售。按照不同的包装类型,对包装调查的内容也包括很多方面,具体如表 5-1-2 所示。

表 5-1-2　包装调查内容

<table>
<tr><th colspan="2">包装种类</th><th>调查内容</th></tr>
<tr><td rowspan="2">销售包装</td><td>消费品包装</td><td>(1)包装与市场环境是否协调
(2)消费者喜欢什么样的包装外形
(3)包装应该传递哪些信息
(4)竞争产品需要何种包装样式和包装规格</td></tr>
<tr><td>工业品包装</td><td>(1)包装是否易于储存、拆封
(2)包装是否便于识别商品
(3)包装是否经济,是否便于退回、回收和重新利用等</td></tr>
<tr><td colspan="2">运输包装</td><td>(1)包装是否能适应运输途中不同地点的搬运方式
(2)是否能够保证防热、防潮、防盗以及适应各种不利的气候条件
(3)运输的时间长短和包装费用为多少等</td></tr>
</table>

②产品实体。主要了解服装的款式、类型、色彩、搭配、面料、衬料及制作工艺的质量状况、产品的规格和实用性能等。对服装实体本身的调查,应根据不同的消费群体调查其对服装的不同要求,从而在产品用料、结构设计、工艺、色彩搭配等方面做到最切合需求。

③竞争对手状况。需要调查的内容包括:有没有直接或间接的竞争对手,如果有

的话，是哪些；竞争对手的所在地、销售渠道和活动范围；竞争对手的生产经营规模和资金状况；竞争对手生产经营商品的品种、质量、价格、服务及在消费者中的声誉和形象；竞争对手技术水平和新产品开发经营情况；竞争对手的宣传手段和广告策略。

(4)销售渠道。企业应善于利用原有的销售渠道，并不断开拓新的渠道。对于企业来讲，目前可供选择的销售渠道有很多，如批发商、零售商等。对于销往国际市场的服装商品，还要选择进口商。

当然，在这个过程中，选择合适的中间商也是非常重要的，比如说企业现有销售渠道能否满足销售商品的需要；企业是否有通畅的销售渠道等一系列问题都是需要去调查的。

(5)产品生命周期。服装产品在不同的生命周期里表现出不同的市场特征，企业应通过对销售量、市场需求的调查，进而判断和掌握自己所生产和经营的产品处在什么样的生命周期阶段，以制订相应的对策。

(6)促销活动。广告、公关活动、服装表演、促销等一系列活动都属于服装促销活动的范围。促销活动调查是对促销活动的实际效果进行调查，为服装企业制订最优的促销组合提供依据。

(7)广告调查。广告调查是用科学的方法了解广告宣传活动的情况和过程，为广告主制订决策、达到预定的广告目标提供依据。

(8)服装价格。从服装价格的角度上来看，调查的内容主要包括国家在商品价格上有何控制和具体的规定；企业商品的定价是否合理，如何定价才能使企业增加赢利；消费者对什么样的价格容易接受以及接受程度如何；消费者的价格心理状态如何；商品需求和供给的价格弹性有多大、影响因素是什么等。

2. 企业外部环境

这里所说的企业外部环境实际上就是指的市场宏观环境。具体来说主要表现在以下几个方面。

(1)地理和气候环境。每个国家或者地区都处在不同的地理位置上，也正是由于地理位置的不同致使每个国家或地区的气候环境条件有所差异。这些不是人为造成的，也很难通过人的作用去加以控制，只能在了解的基础上去适应。应注意对地区条件、气候条件、季节因素、使用条件等方面进行调查。气候对人们的服装消费行为有很大的影响，从而制约着服装产品的生产和经营。

(2)经济环境。对经济环境的调查，主要可以从生产和消费两个方面进行。

①生产方面。生产决定消费，市场供应、居民消费都有赖于生产。生产方面调查主要是针对某一国家(或地区)的能源和资源状况、交通运输条件、经济增长速度及趋

势产业结构、国民生产总值、通货膨胀率、失业率以及农、轻、重比例关系等进行调查。

②消费方面。消费对生产具有反作用，消费规模决定市场的容量，也是经济环境调查不可忽视的重要因素。消费方面调查主要是了解某一国家（或地区）的国民收入、消费水平、消费结构、物价水平、物价指数等。

（3）科技环境。从科技环境的角度来看，自第三次科技革命开始，全世界范围内就一直在强调科学技术是生产力。这就要求人们要及时了解服装新技术、新材料、新产品的状况，国内外服装科技总的发展水平和发展趋势，本企业所涉及的技术领域的发展情况以及专业渗透范围、服装产品技术质量检验指标和技术标准等，这些都是科技环境调查的主要内容。

（4）法律环境。从法律环境的角度来看，主要了解国内外各种经济合同法、商标法、专利法、广告法、环境保护法、进出口贸易法等多种经济法规和条例，这些都将对企业营销活动产生重要的影响。

（5）社会文化环境。从社会文化环境的角度来看，在对此进行调查的过程中主要是了解不同国家或地区的传统思想、道德规范、风俗习惯、宗教信仰、文化修养、艺术创造、审美观念、价值观念等，这些都直接影响人们对服装产品的需求和消费习惯。

（6）政治环境。从政治环境的角度来看，主要调查影响服装企业生产运营的国内外各种国家制度和政策、国有化政策、政治和社会动乱、国家或地区之间的政治关系等。

（四）服装市场调查的步骤

在对服装市场进行调查的过程中，需要遵循一定的步骤，这样才能确保整个调查过程顺利进行，具体来说可大致分为七个步骤，其具体内容如下。

1. 提出假设，确定问题

要求决策人员和调查人员认真地确定研究的目标。在实际工作中，任何一个问题都存在着许许多多可以调查的事情，如果对该问题不做出清晰的定义，那么收集信息的成本可能会超过调查提出的结果的价值。例如，某服装公司发现其销售量已连续下降达6个月之久，管理者想知道真正原因究竟是什么，是经济衰退、广告支出减少、消费者偏爱转变，还是代理商推销不力。市场调查者应先分析有关资料，然后找出研究问题，并进一步做出假设、提出研究目标。

2. 准备相关资料

在继上一个调查步骤之后，接下来需要做的就是决定要收集哪些资料，这自然应与调查的目标有关。例如，消费者对本公司服装产品及其品牌的态度如何、消费者对本公司服装品牌产品的价格的看法如何、本公司品牌的电视广告与竞争品牌的广告在消费者心目中的评价如何，以及不同社会阶层对本公司品牌与竞争品牌的态度有无差别等。

3. 收集资料

这里所说的收集资料更偏重于确定收集资料的方式,要求在收集资料之前制订一个收集所需信息的最有效的方式,需要确定的有:数据来源、调查方法、调查工具、抽样计划及接触方法。

如果在实际收集资料过程中发现没有适用的现成资料(也称之为第二手资料),原始资料(第一手资料)的收集就成为必需步骤。采用何种方式收集资料与所需资料的性质有关,包括实验法、观察法和询问法。前面例子谈到所需资料是关于消费者的态度,因此,市场调查者可采用询问法收集资料。对消费者的调查,采用个人访问方式比较适宜,便于相互之间深入交流。

4. 抽样

在这个阶段中应决定抽样对象是谁,提出抽样设计问题。具体来说可分为两个细致的步骤。

第一,究竟是概率抽样还是非概率抽样,具体视该调查所要求的准确程度而定。概率抽样的估计准确性较高,并且可估计抽样误差。从统计效率来说,自然以概率抽样为好。不过从经济角度出发,非概率抽样设计简单,可节省时间与费用。

第二,一个必须决定的问题是样本数目,而这又需要考虑到统计与经济效益问题。

5. 收集数据

需要特别注意的是,这一步骤必须要通过调查员来完成,调查员的素质会影响调查结果的正确性。调查员以大学的市场营销学、心理学或社会学的学生最为理想,因为他们已受过调查理论与技术的训练,可降低调查误差。

6. 分析数据

资料收集后,应检查所有答案,不完整的答案应考虑剔除或者再询问该应答者,以求填补资料空缺。

应将分析结果编成统计表或统计图,方便读者了解分析结果,并可从统计资料中看出与第一步确定问题与假设之间的关系。同时,又应将结果以各类资料的百分率与平均数形式表示,使读者可以对分析结果进行清晰对比。不过,各种资料的百分率与平均数之间的差异是否真正有统计意义,应使用适当的统计检验方法来鉴定。

7. 编写调查报告

这是服装市场调查的最后一个步骤,也是将要看到成果的一个步骤。一般情况下来说,书面的调查报告可分两类,具体如下。

(1)通俗性报告。关心这类报告的读者主要兴趣在于听取市场调查专家的建议,例如一些服装企业的最高决策者。

(2)专门性报告。关心这类报告的读者是对整个调查设计、分析方法、研究结果以及各类统计表感兴趣者,他们对市场调查的技术已有所了解。

在进行具体调查时,最不能忽略的就是在整个步骤中所使用的调查方法,比如说服装市场文案调查法、服装市场访问调查法、服装市场观察调查法(图 5-1-1)、服装市场网络调查法以及服装市场实验调查法。

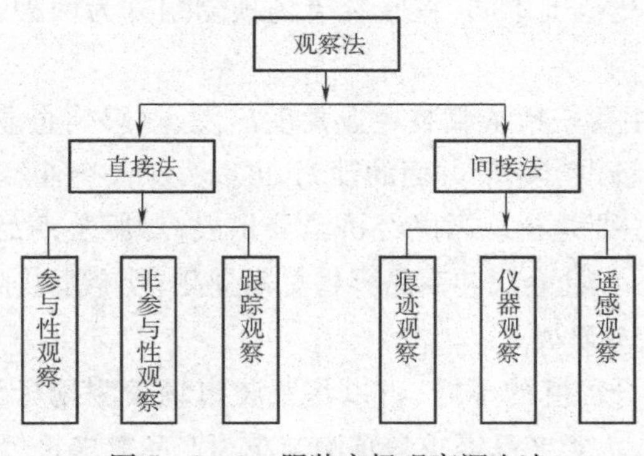

图 5-1-1 服装市场观察调查法

二、服装市场预测

从整体上来看,这里所说的服装市场预测主要是在对影响服装市场供求变化的诸因素进行调查研究的基础上,运用科学的方法,对未来市场服装商品供应和需求的发展趋势以及有关因素的变化,进行分析、估计和判断。

(一)市场预测的种类

不同的划分标准可以将同一事物划分成不同的种类,市场预测也不例外,下面将对市场预测的种类进行划分。

1. 不同性质的预测

根据服装市场预测性质的不同,可以将服装市场预测划分为两种,即定量预测与定性预测。

(1)定量预测。主要是指利用各种经济因素的统计数据或它们之间的数量依存关系来推测未来事件的发展程度,主要依靠数学模型进行预测。定量预测按其预测数值的表现形式,又可分为区间值预测和点值预测两种。

①区间值预测。是指预测数值表现为上限和下限两个数值所规定的区间,如某

服装流通企业预测下一年某款服装的销售量在25000～35000件。

②点值预测。是指预测数值表现为单个数值，如某服装流通企业预测下一年某款服装的销售量为30000件。

(2)定性预测。主要是对未来服装市场发展的大致方向或趋势做出预测，如某一服装经济指标是上升还是下降、是供过于求还是供不应求。定性预测主要靠人们的主观判断进行预测。

2. 不同范围的预测

根据服装市场预测范围不同，将服装市场预测划分为两种，即微观预测和宏观预测。

(1)微观预测。主要是指从服装企业角度出发，对影响企业经营的市场环境及企业经营的商品和市场占有率等方面的预测，可以为服装企业经营决策提供依据。

(2)宏观预测。主要是指从国民经济全局出发，对服装商品生产和流通总体的发展方向所作的预测，如社会服装商品零售总额预测、社会服装商品购买力预测等。

3. 不同综合程度的预测

根据服装市场综合程度的不同，可以将服装市场预测划分为三种类型，分别是总体商品需求量预测、大类产品需求量预测与单项产品需求量预测。

(1)总体商品销售量预测。这种类型的预测主要是指对服装消费需求的各种服装产品总量所进行的预测。

(2)大类产品需求量预测。这种类型的预测主要是指对某一大类产品的预测，如对针织类服装的需求量预测、对纯毛类服装的需求量预测、对纯棉类服装的需求量预测等。

(3)单项产品需求量预测。这种类型的预测主要是指对某单项服装产品(如衬衫、西服、皮衣等)按品牌、规格、质量、档次等分别预测其市场需求量。

4. 不同期限的预测

根据服装市场预测期限的不同，可以将服装市场预测划分为三种预测，分别是长期预测、中期预测和短期预测。

(1)长期预测。通常是指五年以上的预测，可以为企业制订长期规划和重大决策提供科学依据。

(2)中期预测。通常是指一年以上、五年以内的市场变化预测，可以为企业制订五年计划和长期规划方案提供依据。

(3)短期预测。通常是指一年或更短一些时间的市场变化预测，如年度预测、半年预测、季度预测等，可以为企业制订年度、季度和月度计划提供依据。

（二）市场预测的要求

对于市场预测的要求，主要表现在六个特殊性上，具体内容如下。

1. 科学性

在对市场活动进行预测的过程中，搜集材料是必不可少的。需要特别注意的是，在这个过程中所采用的资料，必须经过去粗取精、去伪存真的科学筛选过程，才能反映预测对象的客观规律。当然，运用资料时，还应该遵循近期资料影响大、远期资料影响小的规则。预测模型也应精心挑选，必要时还需先进行试验，找出最能代表事物本质的模型，以此来减少预测误差。

2. 客观性

市场预测是一种客观的市场研究活动，但这种研究是通过人的主观活动来完成的。因此，预测工作不能主观随意地“想当然”，更不能弄虚作假。

3. 及时性

信息无处不在、无时不有，任何信息对经营者来说，既是机会又是风险。为了帮助企业经营者不失时机地做出决策，要求市场预测快速提供必要的信息。过时的信息是毫无价值的。信息越及时，不能预料的因素就越少，预测的误差就越小。

4. 经济性

由于预测所需时间长，预测的因素又较多，往往需要投入大量的人力、物力和财力，这就要求预测工作本身必须量力而行，讲求经济效益。如果企业自己预测所需成本太高时，可委托专门机构或咨询公司来进行预测。

5. 全面性

经济、政治、社会、科学技术等因素会不同程度地对市场活动产生影响，同时，也正是这些因素的存在才使市场呈现纷繁复杂的局面。预测人员应具有广博的知识和丰富的经验，能从各个角度归纳和概括市场的变化，避免出现以偏概全的现象。当然，全面性也是相对的，无边无际的市场预测既不可能、也无必要。

6. 持续性

在进行预测的过程中要始终保持清醒，要切记市场的变化是连续不断的，不可能停留在某一个时点上。相应地，市场预测须不间断地持续进行。实际工作中，一旦市场预测有了初步结果，就应当将预测结果与实际情况相比较，及时纠正预测误差，使市场预测保持较高的动态准确性。

（三）市场预测的方法

1. 定量预测法

这种预测方法主要是根据已掌握的比较完备的历史统计数据，运用一定的数学方法或数学模型进行科学的加工整理，借以揭示有关变量之间的规律性联系，用于推测未来发展变化情况的一类预测方法。常用的定量预测法有以下几种。

(1)简易平均法。一般以观察期内时间序列的各期数据(观察变量)的平均数作为下期预测值的方法。在简易平均法中有两种计算方法最为常用，具体如下。

①简单算术平均法。以过去若干期的销售量或销售金额的算术平均值作为计划期间的销售预测值，在计算过程中需要用到下面所出示的公式。

$$\bar{x} = \frac{x_1 + x_2 + \cdots + x_n}{n} = \frac{\sum_{i=1}^{n} x_i}{n} (i = 1,2,3,\cdots,n)$$

式中：$\bar{x}$ ——历史资料的平均数，作为预测期的预测值；

x_i ——历史资料的每个数据(销售量或销售额)；

n——历史资料的个数；

i——历史资料编号。

在实际运用中，为了更方便计算，有时直接简写为 $\bar{x} = \frac{\sum x}{n}$。

需要特别注意的是，用算术平均法进行市场预测，需要一定的条件，只有当数据的时间序列表现出水平型趋势，即无显著的长期趋势变化和季节变动时，才能采用此法进行预测。如果数列存在明显的长期趋势变动和季节变动时，则不宜使用。

②加权算术平均法。对过去不同时期的数据按其对预测期的影响程度分别给以不同的权重(w_i)，然后计算出加权算术平均数，作为预测期的预测值。其计算过程中需要用到的公式如下所示。

$$\bar{x} = \frac{x_1 w_1 + x_2 w_2 + \cdots + x_n w_n}{w_1 + w_2 + \cdots + w_n}$$

$$= \frac{\sum_{i=1}^{n} x_i w_i}{\sum_{i=1}^{n} w_i} (i = 1,2,3,\cdots,n)$$

在实际运用中，也可将上述公式简单记写为 $\bar{x} \frac{\sum xw}{\sum w}$。

相比较来说，加权算术平均法比简单算术平均法有一定的优越性，它没有把观察期的历史数据简单地等同对待，而是根据对各个数据的具体分析，区别对待，给予不同程度的重视。这种方法比较真实地反映了时间序列的规律，考虑了事件的长期发展趋势。

(2)移动平均法。移动平均法的“平均”是指对历史数据的“算术平均”，而“移动”是指参与平均的历史数据随预测值的推进而不断更新。当一个新的历史数据进入平均值时，要剔除原先参与预测平均的陈旧的一个历史数据，并且每一次参与平均的历史数据的个数是相同的。

在实际使用移动平均法的过程中，有两种方法可以参考，分别是简单算术移动平均法与加权移动平均法。

①简单算术移动平均法。在采用简单算术移动平均法对预测进行计算的过程中，需要用到下面所出示的公式。

$$\hat{X}_{t+1} = M_t^{(1)} = \frac{X_i + X_{i-1} + \cdots + X_{i-n+1}}{n}(i = t, t-1, t-2, \cdots, t-n+1)$$

式中：$\hat{X}_{t+1}$——预测期第 $t+1$ 期的预测值；

X_i——视察期内时间序列的观察值；

$M_t^{(1)}$——时间序列中时间为 t 的一次移动平均值，即作为第 $t+1$ 期的预测值；

n——每一移动平均值的跨越期。

②加权移动平均法。在加权移动平均法对预测进行计算的过程中，需要用到下面所出示的公式。

$$\hat{X}_{t+1} = M_t^{(1)} = \frac{x_t W_t + X_{t-1} W_{t-1} + \cdots + X_{t-n+1} W_{t-n+1}}{W_t + W_{t-1} + \cdots + W_{t-n+1}} = \frac{\sum X_i W_i}{\sum W_i}$$

$$(i = t, t-1, t-2, \cdots, t-n+1)$$

式中：$\hat{X}_{t+1}$——预测期第 $t+1$ 期的预测值；

$M_t^{(1)}$——时间序列中时间为 t 的一次移动平均值，即作为第 $t+1$ 期的预测值；

X_i——观察期内时间序列的观察值；

n——每一移动平均值的跨越期；

W_i——与 X_i 相对应的相对数。

(3)直线趋势延伸法。在采用直线趋势延伸法进行预测时，需要用到的公式如下所示。

$$Y_t = a + bt$$

式中：Y_t ——预测值；

T——时间变量；

a、b——待定参数，a 表示 $t=0$ 时，Y_t 的数值，即长期趋势的基期状态；b 表示 t 每变动一个单位 Y 的增减量。

运用最小二乘法，确定 a,b 的值，求出直线方程：

$$a = \frac{\sum Y_i - b\sum t_i}{n}$$

$$b = \frac{n\sum t_iY_i - (\sum t_i)(\sum Y_i)}{n\sum t_i^2 - (\sum t_i)^2}$$

当然，上述公式也可以进行简化，如下所示：

$$a = \frac{\sum Y_i}{n}$$

$$b = \frac{\sum t_iY_i}{\sum t_i^2}$$

选取 t 值要分两种情况：当观察值个数 n 是奇数时，令中间观察值的 $t=0$，t 的间隔为1，即取值为…，−3，−2，−1，0，1，2，3，…；当观察值的个数 n 是偶数时，令中间两期观察值的 t 之和等于0. t 的间隔为2，即取值为…，−5，−3，−1，1，3，5，…。

2. *定性预测法*

在服装市场预测中，预测者根据服装市场信息资料，不依托数学模型，而是运用经验和主观分析判断或者依靠集体智慧进行综合分析，对未来服装市场发展做出判断预测的一种方法。这种方法在社会经济生活中有广泛的应用，特别是在预测对象的影响因素难以分清主次或其主要因素难以用数学表达式模拟时，预测者可以凭借自己的业务知识、经验和综合分析的能力，运用已掌握的历史资料和直观资料，对事物发展的趋势、方向和重大转折点做出估计与推测。以下三个方面是在定性预测法中经常使用的几种方法。

(1)购买意向调查预测法。购买意向调查预测法是市场研究中最常用的市场需求预测方法。这种方法以问卷形式征询潜在的购买者未来的购买量，由此预测出市场未来的需求。由于市场需求是由未来的购买者实现的，因此，如果在征询中，潜在的购买者如实反映购买意向的话，那么据此做出的市场需求预测将是相当有价值的。在应用这一方法时，对生产资料和耐用消费品的预测较非耐用品精确，这是因为消费者对非耐用消费品的购买意向容易受到多种因素的影响而发生变化。

(2)营销人员意见综合预测法。营销人员除了直接从事服装销售的人员,还包括管理部门的工作人员和销售主管等人员。营销人员意见综合预测法在实施过程中要求每一位预测者给出各自的销售额的“最高”“最可能”“最低”预测值,并且就预测的“最高”“最可能”“最低”出现的概率达成共识。

下面来看一下采用这种预测方法的具体步骤。

假设第 i 位预测者($i=1,2,3,4,5,\cdots,n$)给出的预测值为 F_{ij},其中 $j=1$ 表示预测最高值,$j=2$ 表示预测最可能值,$j=3$ 表示预测最低值。最高预测值给出的概率是 P_1,最可能值给出的概率是 P_2,最低值给出的概率是 P_3。

以此类推,若第 i 位预测者的意见权重为 W_i($i=1,2,\cdots,n$),则最终预测结果为:$F_i = \sum W_i P_i$。

表 5-1-3 中所示的就是预测的数据表。

表 5-1-3　预测数据表

项目	最高销量(万元)	最可能销量(万元)	最低销量(万元)	权重
经理	2720	2510	2350	0.6
副经理甲	1900	1800	1700	0.2
副经理乙	2510	2490	2380	0.2
概率	0.3	0.4	0.3	

利用上面公式即可得出以下结果:

经理的预测值为:

$$F_1 = 0.3 \times 2720 + 0.4 \times 2510 + 0.3 \times 2350 = 2525(\text{万元})$$

副经理甲的预测值为:

$$F_2 = 0.3 \times 1900 + 0.4 \times 1800 + 0.3 \times 1700 = 1800(\text{万元})$$

副经理乙的预测值为:

$$F_3 = 0.3 \times 2510 + 0.4 \times 2490 + 0.3 \times 2380 = 2463(\text{万元})$$

最终预测值为:

$$F = 0.6 \times 2525 + 0.2 \times 1800 + 0.2 \times 2463 = 2367.6(\text{万元})$$

(3)专家预测法。以专家为索取信息的对象,运用专家的知识和经验,考虑预测对象的社会环境,直接分析研究和寻求其特征规律,并推测未来的一种预测方法,主要包括个人判断法、集体判断法和德尔菲法三种。

在这里需要对德尔菲法进行着重分析,在运用德尔菲法对市场进行预测的过程中,需要严格遵守以下几个步骤。

①做好准备。准备好已搜集的有关资料,拟定向专家小组提出的问题(问题要提得明确)。

②请专家做出初步判断。在做好准备的基础上,邀请有关专家成立专家小组,将书面问题寄发各专家(如有其他资料也随同寄发),请他们在互不通气的情况下,对所咨询的问题做出自己的初次书面分析判断,按规定期限寄回。

③请专家修改初次判断。为使专家集思广益,对收到各专家寄回的第一次书面分析判断意见加以综合后,归纳出几种不同判断,并请身份类似的专家予以文字说明和评论,再以书面形式寄发各专家,请他们以与第一次同样的方式比较自己与别人的不同意见,修改第一次的判断,做出第二次分析判断,按期寄回。如此反复修改多次,直到各专家对自己的判断意见比较固定,不再修改为止。

④确定预测值。在专家小组比较稳定的判断意见的基础上,运用统计方法加以综合,最后做出市场预测结论。

(四)市场预测的内容

从整体上来看,服装市场预测内容是非常广泛的,经过长时间的实践与总结,将其归纳为以下几个方面。

1. 市场需求

所谓市场需求主要是指特定的时间、特定的地域和特定的顾客群体,对某种服装商品现实和潜在的需求量。对服装市场的需求预测,不仅包括服装需求量的预测,还包括服装商品的品种、规格、花色、型号、款式、质量、包装、品牌、商标、需求时间的预测等。市场需求受很多因素的影响,有市场主体外部的因素,如政治、法律、文化、技术、消费心理和消费习惯等;也有市场主体内部的因素,如服装目标市场的选择、销售价格的制订与变动、促销手段的选择与实施、营销方法的确定等。市场需求预测正是在全面考察这些因素后对市场需求量进行的估计和推测。

2. 市场资源

首先需要明确市场需求和市场资源是构成市场活动的两个基本因素。满足市场需求,一方面要有充分的货币支付能力;另一方面要有充分的商品资源。否则,市场上就会出现商品购买力与商品可供量之间的不平衡,给企业的经营活动和国民经济的发展带来不利的影响。

正常情况下来说,通过市场资源预测,可以预见市场的供需趋势,为服装企业确定生产规模、发展速度和质量水平等提供依据。还可了解新产品开发和老产品更新换代的信息,帮助企业正确面对新产品对老产品的影响。在宏观方面,市场资源预测还能为调节供需平衡提供依据。

3. 市场营销预测

在市场营销预测这部分内容中,主要对产品的促销与产品的价格两个方面来进行分析,具体内容如下。

(1)产品的促销。企业向消费者传递信息都会采取一定的方法或手段,这种方式人们将其称之为促销,其目的是促进消费者对产品或企业的了解,并影响消费者的购买行为。市场营销的实践表明,客户接受一种产品的前提,首先是接受消费这一产品的观念。通过多种媒介传递信息,说服客户,就能创造使用这种产品的社会氛围。

通常情况下,企业促销方式主要有广告、人员推销、促销和公共关系四种具体形式。各种形式都有自身的特点,相互之间又存在着一定的替代性。营销部门在大多数情况下都必须配合使用。企业开展促销方式的预测,就是要估计不同产品最适合的信息传递途径,推测顾客在不同促销方式下消费观念的变化,测算企业在各种促销组合下的经济效益。

(2)产品的价格。价格是市场营销活动最重要的内容。每个服装企业都需要了解竞争企业或竞争产品的价格,而且还必须注意不同价格水平会导致不同的需求量。因此,企业需要对竞争产品的成本和价格进行预测。产品价格确定后,企业应当及时地调查价格是否偏高或偏低、是否对消费者与经营者都有利以及与竞争对手相比是否具有优势或主动性等。

对于一些条件较好的企业来说,在对产品价格进行预测的过程中还应当进行产品需求曲线的预测。当服装产品需求曲线呈缺乏弹性的时候,提高产品价格可以增加企业收入;如果产品需求曲线呈富有弹性的时候,降低价格则可以增加企业收入。企业掌握这些情况,对产品价格的及时调整很有帮助。

(五)市场预测的具体步骤

完整的预测工作一般包含以下几个步骤,具体如图 5-1-2 所示。

1. 确定目标

在实际操作中,由于预测的目标、对象、期限、精度、成本和技术力量等不同,预

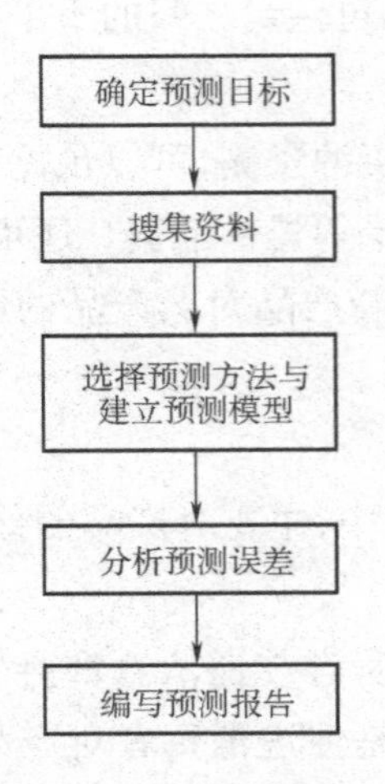

图 5－1－2　市场预测步骤

测所采用的方法、资料数据收集也有所不同。明确预测的具体目标，是为了抓住重点，避免盲目性，提高预测工作的效率。例如，预测某款服装商品的需求量，就是一个具体的预测目标。确定了这个目标之后，才能为搜集市场商情资料、选择预测方案、配备技术力量和预算所需费用指明方向。只有根据服装企业经营活动的需要制订预测工作计划、编造预算、调配力量、组织实施，才能以较少费用，取得满意的预测结果。

2. 搜集相关资料

放在服装市场预测中来说，资料是预测的依据，有了充分的资料，才能为市场预测提供可靠的数据。搜集有关服装市场中的各种资料是进行服装市场预测重要的基础工作，如果某些预测方法所需的资料无法搜集或搜集的成本过高，即便有理想的预测方法也无法使用。广泛搜集影响预测对象的一切资料，注意资料的真实性和可靠性，剔除偶然性因素造成的不正常情况，是定量预测模型的基础条件。

3. 确定预测方法并搭建预测模型

市场预测方法有很多，但并不是每个预测方法都适合所有被预测的问题。预测方法选用是否得当，将直接影响预测的精确性和可靠性。根据预测的目的、费用、时间、设备和人员等条件选择合适的方法是预测成功的关键。对同一个预测目标，一般应同时采用两种以上的预测方法，以比较和鉴别预测结果的可信度。定量预测模型应该在满足预测要求的前提下，尽量简单、方便和实用。

4. 分析预测误差

预测是估计和推测,很难与实际情况百分之百吻合。预测模型又是简化了的数学模型,不可能包罗影响预测对象的所有因素,出现误差是不可避免的。产生误差的原因,一种可能是收集的资料有遗漏和篡改或预测方法有缺陷;另一种可能是工作中的处理方法失当、工作人员的偏好影响等。因此,每次预测实施后,要利用数学模型计算的理论预测值,与过去同期实际观察值相比较,计算出预测误差,估计可信度。同时,还要分析各种数学模型所产生误差的大小,以便对各种预测模型做出改进或取舍。误差分析往往同选择预测方法结合进行。

5. 编写预测报告

这里所说的预测报告实际上就是对预测工作的总结,同时也是向使用者做出的汇报。预测结果出来之后,要及时编写预测报告。报告的内容,除了应列出预测结果外,一般还应包括资料的搜集与处理过程、选用的预测模型、对预测模型的检验、对预测结果的评价(包括修正预测结果的理由和修正的方法)以及其他需要说明的问题等二预测报告的表述应尽可能利用统计图表及数据,做到形象直观、准确可靠。

第二节 户外运动服饰市场的现状及发展趋势

一、户外运动服饰市场的现状

相对来说,户外运动服饰在我国还有很大的开发空间。户外服饰在欧洲市场、美国市场和韩国市场都占有非常重要的地位。

(一)欧洲市场

欧洲被称为户外运动之乡,是现代户外运动的发源地和户外产业发展趋势的领导者始创于1970年的德国慕尼黑国际体育用品及运动时装贸易博览会(ispo)每年分冬、夏两季举办,是世界上体育用品及运动时装等领域最重要、规模最大的综合性展览会。博览会的展品范围包括室内运动、户外运动、体育运动、自行车运动、健身体育、国际体育等用品。

创始于1994年的欧洲户外用品展览会(European OutDoor Trade Fair)每年都在德国举办,主要展品范围有运动服装、露营/攀岩/登山装备、背包、睡袋、帐篷、布料、鞋子、水上运动的装备以及配件等,是欧洲户外行业最高水平的专业用品展览会,也是全球最具影响力的顶级专业户外用品展览会之。

（二）美国市场

美国是一个崇尚运动和酷爱自然的国度，依托其经济、社会、城市化、工业化高度发展的社会背景，在政府高度重视下，通过立法、资助、提倡等多种方式的引导，户外运动十分流行，国民经常参与的户外运动多达40余项。2008年，在美国6岁及以上人群中，参加户外运动的人数达1.359亿，2009年增加至1.378亿，占美国当年该年龄阶段总人口的48.9%。位居美国户外运动前5位的分别是钓鱼、跑步、野营、自行车和徒步，参与者总数为212.6百万人次，占美同6岁以上人口的76%。

美国盐湖城国际户外展览会（Outdoor Retailer）始创于1981年，它目前不仅是美国最大的户外行业展会，也是世界上最具影响力的户外展会之一。而且与我们大家所非常熟悉的德国ISPO以及欧洲户外展不同，Outdoor Retailer同时也是当今全球唯一一个每年举办两次的国际性户外展会，它们分别是Outdoor Retailer Winter Market和Outdoor Retailer Summer Market，这也就使得它具备更好的延续性以及市场流动性，因此在每年都会吸引超过40 000名专业客户来到这里参展以及参观。

（三）中国和韩国市场

亚洲的户外市场，发展最快的还当属中国和韩国市场，其中韩国市场2012年户外用品销售额突破5万亿韩元（约合51亿美元）。这意味着市场规模比2011年扩大了39%，是7年前的5倍。

就在21世纪初期，户外服装还是服装业界的“夹缝市场”。但近几年却飞速增长，在整个服装市场中占13%。在最近结束的百货商店秋季折扣活动中，虽然女装销量有所减少，但户外服装销量却比去年增加30%以上。

中国和韩国户外服装市场在短期内迅速增长，业界和服装专家认为其原因大致有三种。首先，中韩全面实施五天工作制后，休闲市场增长。在此过程中，原本是中老年男性专属活动的登山运动扩大到女性和二三十岁人群，从而促进了服装市场的增长。参与户外活动的人群范围扩大后，在登山用品中寻找“时尚”的需求大幅提高。过去只要有一套登山服就够了，但现在一个人会买多套不同季节、不同功能的登山服。购买户外服装的顾客大幅增加，而且一位顾客购买的服装数量也有所增加。其次，是产品竞争力。随着户外用品市场迅速增长，很多企业聚集而来，从而使新产品竞争比其他服装领域更加激烈，推出的商品也多种多样。初期大都是采用Gone－Tex面料的外国品牌，但现在国产品牌大幅增加。店铺数量激增也是户外用品市场扩大的一个原因。

二、未来户外运动服饰市场的发展趋势

（一）产品设计

由于户外运动的特殊性，所以装备的产品对科技、功能的要求比其他行业品类更高，科技含量的高低极有可能成为评判户外装备产品专业度的重要标准之一，但是，在科技功能性基本相当的情况下，人性化设计的户外产品更容易引起消费者的兴趣，多功能、简单易用将是户外服饰设计特点的主流趋势。

“低碳”亦成为户外装备的基本指标。户外运动本身就是一种亲近自然、享受休闲的“低碳”生活方式，因此低碳环保的户外服饰也逐渐成为时尚人士的必备品。可回收材料、再生材料、有机棉、天然材料等也成为户外服饰的设计时主要考虑的元素。

泛户外流行带来了产品线的延长及产品时尚度的提升，不再局限于专业人士使用的户外服饰，户外服饰被更多不同年龄、不同职业的消费人群所接受。户外运动的大众化和普及化，使得户外运动服饰的种类更加丰富，一些品牌或户外大型实体店中，除了服装、鞋帽等传统装备外，延伸产品将逐渐增多，以满足更多消费者的户外运动需求。

（二）产业资源

户外运动产业发达的标志是能够提供市场需要的各类产品，并且拥有完整的产业链。目前的户外活动和比赛项目的特点是比赛规模还较小、价值小、缺乏精品活动和品牌赛事，全国性的活动比赛虽多，但影响力较小、参与人数有所局限。户外活动和比赛项目仍是本土户外品牌主要的营销载体，“载体”性能不佳，也限制了户外品牌营销的广度和深度。积极培育品牌赛事，扩大赛事规模，甚至可以将部分赛事引入学校、企业等，也有助于品牌赛事的普及和推广。户外用品企业借助赛事的影响力进一步提升品牌影响力。

除了活动赛事等相关产业资源的深度挖掘，户外俱乐部成为我国户外产业发展的主要生力军。随着出游人群对活动质量和安全保障要求的提高，户外俱乐部的运营市场也将随之不断壮大。因此户外俱乐部要积极整合资源、扩大规模和业务范围，不断提高盈利能力和竞争优势。

（三）品牌阵营

面对国际品牌的进入，国内的户外运动服饰品牌在经历了模仿国外常规产品的初级阶段之后，在产品线的扩张、款式设计、研发等硬实力方面都在迅速提升。大众渠道中像探路者、奥索卡，户外渠道中的服装品牌像极星，凯乐石等都大有后来居上之势。国际面料商 GORE 品牌在中国市场上也渐渐开始培养客户，而一向以严谨和

稳重著称的德国 SympaTex 也不甘错失和中国品牌制造商的合作良机，世界著名展会 ISPO 及亚洲户外展等也对国内品牌抛出了橄榄枝。

越来越多的本土户外品牌新生力量诞生并崛起，一些综合性的体育用品企业也加大了户外运动产品的产销力度。与国际户外运动巨头“联姻”也是目前本土户外用品企业提升品牌号召力、产品研发力以及迅速打开市场的一种选择。例如，李宁和法国 AIGLE INTERNATIONAL s. A. 以各占 50% 股份权益的合作形式，成立艾高（中国）户外体育用品有限公司，负责在中国生产、市场推广及销售 Aigle 品牌的专营户外运动及休闲服装和鞋类产品。作为“美国骆驼”少年越野装备中国大陆市场的独家代理，明伟鞋服有限公司也将成为中国第一个为青少年提供专业户外越野装备的企业。

第三节　运动服饰品牌分析

一、Moncler 户外运动服饰

Moncler 是一家总部位于法国格勒诺布尔专门从事户外运动装备生产的著名品牌，在此需要格外强调这个品牌旗下的一款运动服饰——Moncler 户外系列，如图 5－3－1所示。

(a)　(b)　(c)

(d)　(e)　(f)

图 5－3－1　Moncler 品牌户外服装

Moncler 户外系列是喜欢野外运动、热衷探险者的最佳选择。长期以来，Moncler 户外系列在法国、意大利、加拿大等滑雪运动盛行的国家拥护率极高。相较于 Honcler 经典系列的保守，Moncler 户外系列则是年年更新，每一年都有新式的设计与裁剪方式，将衣物调节至与人体肌肉运动最适宜的状态，也将人们的运动状态调整到最佳。近年来，户外系列新品在色彩的搭配应用上做了很多改变，鲜艳的色彩让人在冰天雪地中成为亮点

二、Mammut 猛犸象运动服装

Mammut 猛犸象运动品牌是世界领先的高山运动和户外运动服饰备生产公司，其产品以可靠的质量和创新的设计领导着世界潮流。Mammut 品牌代表着很高的安全性，其产品线几乎覆盖所有户外领域，包括内衣、中间层、冲锋衣、高山靴（可装冰爪）、睡袋、背包、登山绳索、快挂、保险带、头灯和防雪崩设备。

下面对 Mammut 猛犸象运动品牌旗下的防风防水外套和裤装举例说明。

（一）防风防水外套

图 5－3－2 中所示为防风防水外套的早期设计，这是一款功能性的防风防水外套，品名为 Extreme Mountain Reseue Jacket，使用 Gore－Tex Pro Shell 材料，具有防水、透气、快干的特点。袖口有外露式魔术贴，可以调节松紧；肘部采用立体剪裁和加固

材料，以增强肘部运动的灵活性；下摆是可拆式挡风、挡雪下摆，有束底的猫眼，其收紧调节设计可任意调整宽度；可拆式帽子收纳于领子里，舒适细纤维的领口使穿着者头部活动灵活，长时间穿着感觉舒适，可视性良好；后臂设有拉链式的透气系统，避免运动出汗所引起的不适。

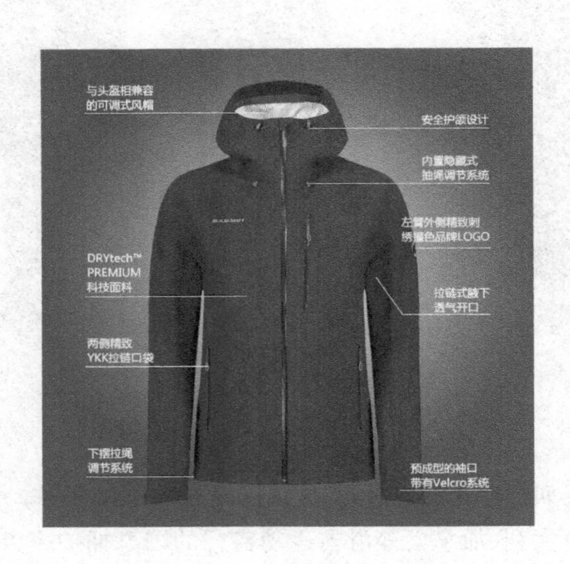

图 5－3－2　防风防水外套

（二）防风防水裤

图 5－3－3 所示为防风防水裤造型，与防风防水外套有共同之处，同样是一款功能性的裤子，品名为 Extreme Hybrid Pants，材质为 Schoelle WB400、Nano－Sphere、Dryteeh3－LayerStretch、Schoeller－keProtec。

裤子的特点是防风、抗水、透气，且有坚固的防撕裂性和弹性。这是由下肢活动幅度和强度较大所决定的。膝盖、腿部均采用立体剪裁，能够提高活动灵活性。小腿内侧有防摩擦布料，可以防止运动对内侧的磨损。裤子侧面有拉链设计，可以排出湿气，防止热量流失。膝部立体激光剪裁则能保证运动者活动自如，还能够有效调节内部温度。裤腿外侧有 Recco 雪崩救援信号反射器，并且其探测信号的标准是世界通用的，一旦发生意外，即可响应世界各个地方、各个品牌的搜索器。

图 5－3－3　防风防水裤

第四节　工作流程与开发途径

一、确定目标市场

在对目标市场进行确定之前，首先要做的就是来了解一下国内目标市场的分类，之后再对其进行设定。

（一）国内目标市场分类

就目前市场发展状况来看，国内的目标市场大致可分为三大类别，具体内容如表 5－4－1 所示。

表 5-4-1 目标市场分类

<table>
<tr><th>分类</th><th>细分标准</th><th colspan="11">内容</th></tr>
<tr><td rowspan="7">人口学因素</td><td rowspan="2">年龄细分</td><td>0~2岁</td><td>3~6岁</td><td>7~13岁</td><td>14~18岁</td><td>19~23岁</td><td>24~29岁</td><td>30~49岁</td><td>50~64岁</td><td>65岁以上</td></tr>
<tr><td>婴儿</td><td>幼儿园</td><td>小学</td><td>中学</td><td>青少年</td><td>青年未生育</td><td>中年</td><td>中老年</td><td></td></tr>
<tr><td rowspan="3">职业细分</td><td rowspan="3">专业户外运动员</td><td rowspan="3">户外环境工作者</td><td colspan="6">户外运动爱好者</td><td rowspan="3">常规户外行为</td></tr>
<tr><td colspan="3">“大侠”</td><td colspan="3">“菜鸟”</td></tr>
<tr><td>学生</td><td>稳定职业</td><td>自由职业</td><td>学生</td><td>稳定职业</td><td>自由职业</td></tr>
<tr><td>月收入</td><td>1千元以下</td><td>1千~2千元</td><td>2千~4千元</td><td>5千~7千元</td><td>8千~1万元</td><td>1万~1.5万元</td><td>2万元以上</td></tr>
<tr><td>学历细分</td><td>高中毕业</td><td>大学毕业</td><td>研究生毕业</td><td>其他</td></tr>
<tr><td rowspan="9">商品企划因素</td><td>场合细分</td><td>比赛竞技类</td><td>休闲旅游类</td></tr>
<tr><td>运动项目细分</td><td>登山</td><td>攀岩</td><td>滑雪</td><td>骑行</td><td>越野跑</td><td>钓鱼</td><td>其他</td></tr>
<tr><td>风格形式细分</td><td>自然</td><td>古典</td><td>摩登</td><td>简单</td><td>大方</td><td>军旅</td><td>欧美</td><td>日韩</td><td></td></tr>
<tr><td>功能</td><td>新兴功能的尝试者</td><td>新兴功能的追随者</td><td>对新型功能不关心者</td></tr>
<tr><td>时尚接受度</td><td>时尚领导者</td><td>时尚追随者</td><td>流行初期使用者</td><td>流行后期使用者</td><td>对流行不关心者</td></tr>
<tr><td rowspan="2">服装品类细分</td><td colspan="9">服装类</td><td colspan="2">配饰类</td></tr>
<tr><td>冲锋衣裤</td><td>抓绒服装</td><td>羽绒服</td><td>羊毛类保暖层</td><td>吸湿排汗内衣类</td><td>速干衣裤</td><td>皮肤衣</td><td>软壳衣裤</td><td>裙装类</td><td>袜帽手套类</td><td>背包</td></tr>
<tr><td>价位细分</td><td>高价</td><td>中价</td><td>低价</td></tr>
<tr><td>品牌特征</td><td>国际品牌</td><td>工厂品牌</td><td>品牌商品</td><td>设计师品牌</td><td>私人定制品牌</td></tr>
</table>

续表

分类	细分标准	内容						
流通构成因素	销售机构	百货店	专卖店	自营代理店	超市专卖	批发市场	团购	电子商务
	地区细分	一线城市	二线城市	三线城市	地级市	乡镇	农村	
	地理细分	东北	华北	西北	东部	东南	西南	南部

（二）设定目标市场

在实际对目标市场设定过程中，需根据大的行业状况和自身的优势确定自己的目标市场，下面是国内某户外品牌的目标市场设定的思路范本，以供读者参考。

教育程度：大专以上，能够接受现代信息社会的新事物和新观念。

性别：男性比例稍多，约占到60%的比例，女性中未婚的比例较多些。

地区：京津沪等一线城市做形象推广，主要消费市场定在经济较发达的二线、三线城市。

职业：公务员、教师、医生、自由职业及老板等，有足够的闲暇时间可以自由支配。

经济收入：月自由支配收入基本在3000元以上。

爱好：喜欢运动，喜欢休闲，很活泼；衣着随便，舒适，喜欢一些容易搭配的颜色和面料；穿着习惯更加时尚化、简洁化；喜欢郊游、野营、钓鱼，骑车或跑步到户外呼吸新鲜空气。他们既具有中国人的传统性格，又受到海外消费观念及生活方式的冲击；他们善于独立思考，对生活有自己独立的、强烈的主张，既不盲目追求高档品牌，又不拘泥于平凡庸俗，善于接受新鲜事物。

二、分析流行趋势

（一）色彩设计多样化

色彩设计上越来越"多样化"、时尚化。跳跃性色彩越来越流行，鲜亮的色彩、巧妙的混搭成为代表性的潮流，户外运动开始向更年轻、更时尚发展。

（二）产品大众化

户外运动已经不再是一种专业性的运动，户外运动已经成为大众时尚生活的一种方式。而户外用品的消费也逐渐成为家庭消费的重要组成部分,越来越多户外运动品牌开始注重产品由专业化向大众化的转变,这是当前户外运动市场的一个发展趋势。

(三)功能性贯穿始终

功能性始终是户外服装的杀手锏,不断地延续发展防水透气、吸湿速干、保暖透气等传统功能。面料设计上越来越“低碳化”,并以环保型材料作为未来面料设计的重点。“环保”将不再成为一个需要特别提及的卖点,可回收材料、再生材料、有机棉、天然材料的使用将成为户外装备最基本的指标。低碳健身作为一个新鲜的组合概念,受到越来越多人的关注。高科技环保面料也将成为主流产品。这样,户外用品就可再生循环利用,真正实现环保低碳。让“低碳生活”成为一种时尚。这些高性能、高功能性、高感应性原材料应用于服装面料上,使衣服不再只具有消极的保护作用,而是进一步促进人体健康。因此智能与功能纺织品已成为改善人们生活与实现梦想的重要角色。

(四)科技含量

对于户外运动服饰的功能性要求,不同的项目其具体细节要求也不尽相同,对于面料及设计有不同的要求。随着科技的不断发展,新的面料和纺织技术不断呈现,使制作出来的功能性运动服装更加满足人们日常运动的需求。例如,日本近年来开发的新型面料已经用在了运动服装上面,其主要功能是吸湿、保温、抗风、抗菌、高弹和环保,能有效提高运动的运动效能。此外,科技含量更高的面料和设计让功能性运动服装更加趋近于人们日常的休闲服装,确定以人为本的设计理念,更佳符合消费者的消费观念。

(五)人性化设计

所谓的人性化设计,要兼顾到方方面面,不仅要涉及面料是否符合消费者的需求,在设计的过程当中还要顾及消费者不同状态与服装结构和功能性的关系,以及人体因素对服装机构和造型上的影响。此外,功能性运动服装在设计的时候还要照顾到消费者的心理因素,也就是通过色彩搭配等满足服装色彩整体和人的和谐。在面料、科技、重量、舒适等方面都取得不错成绩,才是“人性化”设计的极致体现。

三、对品牌进行定位

在这里我们主要对国内的户外运动服饰品牌定位来进行分析,具体内容如表5-4-2所示。

表 5－4－2　国内户外运动服饰品牌定位

品牌	市场定位与品牌特色	产品图例
凯乐石（KAILAS）	品牌形象定位为中高端的专业户外功能休闲，产品系列较全；高性价比的产品；从价格、质量、设计到服务；丰富明亮的色彩成为其最主要的亮点	
极地（NORTHLAND）	品牌形象定位于中高端的专业户外，现在也开始部分增加休闲系列；高科技应用和时尚设计给消费者带来切实的体验感受，倡导人与自然、人与产品的有机结合	
牧高笛（Mobi Garden）	提供人们在户外聚会、度假所需的全套装备及服饰，倡导自然、自由、快乐的户外休闲生活方式。消费群定位为热衷时尚、休闲、户外，注重生活品质，年龄在 25 ~ 45 岁之间的度假群体	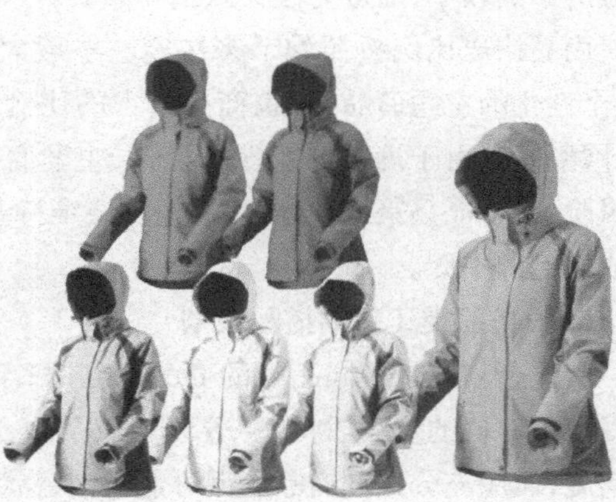

续表

品牌	市场定位与品牌特色	产品图例
探路者	提倡科技户外、舒适户外；目标人群为30岁以上；色彩沉稳且鲜明；高科技的应用和时尚的设计给消费者带来切实的体验感受，倡导人与自然、人与产品的有机结合	

四、明确服装品类间比例

（一）市场商品构成比例的确定

在这个环节中所需要做的就是确定商品整体中的主题商品、畅销商品、长销商品所占的比例。其中，主题商品表现季节的理念主题，突出体现科技与时尚流行趋势，常作为展示的对象；畅销商品多为上一季卖得好的商品，并融入一定的科技与流行时尚特征，作为大力促销的对象；长销商品是在各季都能稳定销售的商品，受流行趋势的影响较小，通常为经典款式和品类。

商品构成比例按照季节来决定。一般大众化商品为主体构成的品牌中，高感度、个性化的主题商品、畅销商品所占的比例更大。特别是定期举行时装发布会的设计师品牌，由于诉求创新性的设计，主题商品所占的比例非常高。但为了减小库存风险，也不能只策划主题商品，还需要维持主题商品、畅销商品及长销商品在卖场构成比例的平衡。

（二）各品类比例的搭配策划

具体企划设计不同品类的商品款型时，不仅应参考时尚潮流，还应该考虑与目标对象顾客群的生活习惯、穿着环境以及购衣计划的吻合性；不能单凭想象或灵感来实施，而应充分预测商品款型可能的销售状况；在搭配组合设计的过程中，还应重视不同服装品类在色彩、材料、细部设计上的关联性。

（1）基于对各季节连续性的考虑，应使品牌商品在整个季节中具有统一感。

(2)在商品构成企划时,既考虑各季节不同主题商品的构成比例,还应考虑不同品类的商品构成。制定主要品类的策略、维持商品款型平衡、拓展商品款型范围等。

(3)品类企划时不仅要完成服装商品的效果图,还要确定构成商品款型的各个细节,如造型、材料、色彩、价格、尺寸等,以决定品牌的商品构成。

(4)基于目标顾客的实际穿着需求,注意上装与下装之间的搭配关系,具体选定服装商品的色彩、材料、款式等。

(5)针对设定的理念主题,作为其形象具体化的商品,在不同季节,甚至不同月份都必须企划设定不同理念主题的商品款型,并考虑整体的构成均衡。

除了上述我们所说的这几点之外,在商品构成企划时,充分利用不同季节、不同月份、不同服装品类的商品构成资料,从上一季节到当前季节卖场调查的数据及信息。调查每月配货构成,收集各商品款型的详细数据。在调查中,应把握卖场各形象主题的配货构成情况,了解各月的理念主题和各主题商品款型的资料。为掌握各服装品类的配货状况,可从不同品类的商品款型构成的数据中总结出不同品类的配货规律。这既包括各服装品类的商品款型构成比例,还包括这种构成比例的逐月动态变化状况。

五、确定营销方式

在营销方式这部分内容中,我们将针对国内常见的一些营销方式来进行分析,具体如表5-4-3所示。

表5-4-3 国内常见营销方式

渠道		优点	不足	代表企业
户外店渠道	大型户外连锁店	1. 有初步明确的发展方向和定位,将零售渠道发展成为区域乃至全国的大型户外(连锁)品牌的事业中心 2. 经营管理者的能力相对较强,有相对完善的管理 3. 敢于创新和冒险 4. 资金来源和状况较好 5. 有品牌意识,注重管理、形象、服务和宣传 6. 信用意识强,善于利用信用支持	1. 定位时有反复;在本区域内网络构建工作尚未完成 2. 跨区域的扩张发展,一受资金困扰,二受产品供应渠道困扰 3. 经营成本高,经营风险大 4. 不太了解供应商的需求和想法,与品牌商的战略合作意识差异较大,与供应商关系脆弱	迪卡侬、嘉禾、三夫、火狐狸、5445

续表

渠道		优点	不足	代表企业
户外店渠道	中小型自由户外店	1. 对户外生活热爱 2. 并不是以赚钱为主要经营目的 3. 对产品太了解，知道的精品太多，什么都做	1. 经营者的素质参差不齐 2. 不能全身心投入经营 3. 经营上固执己见，经营管理上沟通协调困难 4. 资金短缺，经营品牌太多，加之常以自己眼光取代消费者需要。虽然经营成本低，店铺容易存活，但经营两三年后除了存货，没见赚钱 5. 缺乏发展的危机感	各地区小型户外店
	户外品牌专卖店	1. 有40%的消费者喜欢到专卖店购买自己喜欢的品牌 2. 名牌户外服装专卖店满足部分消费者需要。连锁店服装经营的品类有其特殊性。特许加盟经营近来逐渐升温，是集理念、文化、管理、培训、服务"一条龙"的新型营销方式 3. 这种形式在保证服装品牌形象及回款方面有较大优势	1. 直营资金链长，管理难度大 2. 加盟店对消费者需求把握不够全面与及时	探路者户外专卖店、凯乐石户外专卖店、极星户外专卖店
	外贸产品户外店	小本生意，靠销售各地市场淘来的"品牌畅销货"赚钱	只要能赚钱，什么都不在乎	各地区小型户外外贸店
	户外用特价折扣店	国外十分成熟和普遍，很规范	由于市场不成熟，开店时机不好，加上开店动机不端正，又没有得到供应商的支持，大多用杂货和窜货充数销售	各地区小型户外折扣店

续表

渠道		优点	不足	代表企业
电商渠道	互联网购物店	异军突起,主导未来的发展趋势	普遍存在信用危机和市场不成熟的情况,较难做大。此外,因网购大多低价销售,受到店铺零售商的广泛抵制	探路者、骆驼、凯乐石、极地等
商场渠道	扣点型上场代销专柜	1. 由经营商全部承担经营风险 2. 管理要求较严:从人员、各种证照到装修形象全面要求 3. 高档商场对价格承受力强 4. 必须是一般纳税人,需要开增值税发票 5. 如果商场选择正确,销售额大	1. 资金需求和周转压力大 2. 各种促销活动多,不可预见费用多,但大多要由经营商承担	各地区大型商场
	自营型商场户外店	1. 介于传统商场经营和自营街铺经营之间的一种方式 2. 行租柜结算,经营商自行管理	1. 街铺走向商场经营的过渡阶段 2. 新开商场或销售情况不好的商场采用	各地区某些商场
批发市场渠道	批发市场	1. 由大型批发市场所支持的各种个体户外运动服饰装批零店,目前占据中国户外运动服饰装销售的较小份额 2. 支持了中国广阔的农村市场及部分城市的低档市场 3. 中间环节少,价位低,对市场反应快	产品质量欠佳	各地区服装批发市场户外店

参考文献

[1]张辉,周永凯,黎焰．服装工效学[M].2版．北京:中国纺织出版社,2015.
[2]杨志文．服装市场营销[M]．北京:中国纺织出版社,2015.
[3]高亦文,高磊．户外服饰设计与产品开发[M]．上海:华东大学出版社,2015.
[4]吕光．专业配色速查宝典——服装设计[M]．北京:印刷工业出版社,2014.
[5]李克兢,李彦．服装专题设计[M]．上海:上海交通大学出版社,2013.
[6]顾韵芬,陆鑫．服装概论[M]．北京:高等教育出版社,2009.
[7]舒平．服装市场营销[M].2版．北京:中国劳动社会保障出版社,2008.
[8](瑞典)斯素．运动用纺织品[M]．王建明,关兰芳,译．北京:中国纺织出版社,2008.
[9]车礼,胡玉立．市场调查与预测[M]．武汉:武汉大学出版社,2008.
[10]刘东．服装市场营销[M].3版．北京:中国纺织出版社,2008.
[11]王露．运动设计创新[M]．北京:中国轻工业出版社,2008.
[12]宁俊．服装品牌企划实务[M]．北京:中国纺织出版社,2008.
[13]李好定．服装设计实务[M]．北京:中国纺织出版社,2007.
[14]尚丽,张富云．服装市场营销[M]．北京:化学工业出版社．2007.
[15]赵平．服装市场调查与预测[M]．北京:高等教育出版社,2007.
[16]周永凯,张建春．服装舒适性与评价[M]．北京:北京工艺美术出版社,2006.
[17]张渭源．服装舒适性与功能[M]．北京:中国纺织出版社,2005.
[18]宁俊．服装网络营销[M]．北京:中国纺织出版社,2004.
[19]刘小红．服装市场营销[M]．北京:中国纺织出版社,2004.
[20]乔辉,沈忠安,孙显廉．功能性服装面料研究进展[J]．服装学报:2016(04).
[21]陈国强．基于服装人体工效学的功能性服装设计[J]．纺织科技进展,2015(04):77-80.
[22]张素英,韩月芬．功能性服装的研发现状及建议[J]．中外企业家,2014(06):230-231.
[23]陈丽华．不同种类防水透湿织物的性能及发展[J]．纺织学报,2012(07):149-156.
[24]赵承磊．户外运动在美国社会中的地位、作用与启示[J]．成都体育学院学报,

2011(09):24-28.

[25]邵强,李山,龚建芳.户外运动俱乐部运营模式研究[J].体育文化导刊,2011(08):70-73.

[26]苑斌.户外用品市场研究及BT品牌营销战略优化研究[D].天津:天津工业大学,2011.

[27]韩云纲.中国胡宇崴用品产业发展概况[J].环球体育市场,2010(05).

[28]刘玉磊,孟家光.吸湿排汗纺织品类型及应用[J].纺织科技进展,2009(05):27-30.

[29]曾跃民,严灏景,胡金莲.防水透气织物的发展[J].上海纺织科技,2001(01):28-30.

[30]刘丽英.功能性服装的研发现状和发展趋势[J].中国个体防护装备,2001(08):24-25.